NF文庫
ノンフィクション

新装版

水雷兵器入門

機雷・魚雷・爆雷の発達史

大内建二

潮書房光人新社

本書では水雷兵器と呼ばれた機雷、魚雷、爆雷の誕生から、どのように発達し、実際の戦闘でいかに使用されていたのかを詳しく解説しています。

とくに日本海軍の酸素魚雷は、世界で唯一開発に成功した高性能兵器で、遠距離を高速で航跡を残さずに敵艦を攻撃しました。「いつ、どこから発射されたかわからない魚雷に、いつのまにか撃沈される」という恐怖に連合軍将兵を陥れた秘密兵器だったのです。

まえがき

七十歳以上の読者の方であれば、戦後五〜六年まで「駆逐水雷」あるいは「水雷艦長」という名前の一種の「鬼ごっこ」遊びを経験されたことがおありであろう。

この遊びは明治時代末頃から始まった遊びだそうで、日露戦争でその存在がにわかにクローズアップされた海軍兵器である、「魚雷」や「機雷」をゲームの中に取り入れた先進的な子供たちの遊びであった。

各組十数名以上が二つの組に分かれ、各組の中に艦長（または旗艦）一名を定め、他に「駆逐」と「水雷」を担当する者複数が決められる。「駆逐」は駆逐艦または水雷艇を意味し、「水雷」は「魚雷」あるいは「機雷」を意味する。「駆逐」は相手の「水雷」を捕まえることに専念するが、相手の「艦長」または「旗艦」に捕まえられ

に捕まえられる。そして相手の艦長を捕まえた方が勝ちとなるゲームである。

簡単なようで実に複雑な要素を備えた遊びで、艦長を誰がやるかが最初の問題である。そして駆逐や水雷を何名ずつにするかは艦長の責任である。足の速い者が駆逐を担当するとか、普段からスバシッコイ者が水雷をやるとか、駆逐と水雷の選定は全て艦長と決められた者の手腕にかかってくる。艦長をどのように護るか、相手の艦長を早く捕まえるためには敵方の駆逐を早く艦長に捕まえてもらうなど、ゲームの開始前からかなり頭を使わなければならない遊びであるが、全員が常に全力疾走を求められる大変に元気な遊びであった。

魚雷と機雷と駆逐艦という、当時としては最先端の水雷兵器と使い方が遊びの中に組み入れられるとは、これら兵器が当時の一般の人々に与えた衝撃がいかほどのものであったか、大変に興味深いものがある。

機雷と魚雷の存在は当時の艦艇乗組員にとっては大きな脅威であったに違いない。機雷は艦艇にとっては大きな脅威である。どこに敷設されているか分からないことは、攻める側の心理的な恐怖は、計り知れないものがあったに違いない。一方機雷を敷設する側は、より確実に効果を上げようと、その敷設方法に様々な工夫を凝らした。

各国海軍は日露戦争で機雷の効果を知った後、機雷の開発に全力を注いだ。最初に開発された接触爆発式の係維式機雷は全世界の海軍で広く使われた。そして時代が進むにしたがい比較的探知されやすく掃海されやすい係維式機雷に対し、より存在場所が探知されにくい磁気機雷が開発された。そしてより探知されにくく効果を発揮しやすい音響感応式機雷や水圧感応式機雷へと進化していった。

機雷は水雷兵器の中では最も最初に開発された兵器であったが、様々な着想の中で次々に新型の機雷は開発されており、現在でも最も恐ろしい、機能の進んだ水雷兵器として世界の海軍で様々に研究は続けられている。

魚雷の出現は機雷とともに衝撃的であった。艦船の最も弱い部分は吃水線以下の舷側や船底である。ここに強い衝撃を受けると強力な水圧の影響も加わり船体は大きな損害を受けやすい。そして浸水により沈没の危険性も高くなるのである。

魚雷が開発されたとき、最初は水上艦艇から撃ち出される武器として考えられていたが、潜水艦が出現するとその最適な攻撃兵器としてたちまち広く導入されることになった。そしていかに強力な魚雷を開発するかの開発競争が始まった。

様々な魚雷が開発され、たまたま勃発した第一次大戦で初期の魚雷の評価は得られた。そしてそこで得られた魚雷の特性をさらに進化させるために、様々な研究が世界の海軍で行なわれていたが、この競争の中で他国の魚雷の性能を大きく引き離し、驚異的な性能の魚雷を出現させたのは日本海軍であった。そして日本海軍はこの魚雷（九三式酸素魚雷）を基本に、水上艦艇の戦法にも大きな改革を加えた。

九三式酸素魚雷の恐ろしさは、太平洋戦争の初期の段階で連合国側の艦隊に大きな脅威となった。しかし航空機や高度な電波兵器の発達は魚雷戦のあり方に影を落とし、魚雷の活躍の場は次第に限定されていった。

現在世界の海軍から水上戦闘用の魚雷と戦法は姿を消し、魚雷は潜水艦の基本的な武器としてのみ存在するものとなった。

爆雷は第一次大戦中にイギリスが誕生させた苦肉の兵器である。潜水艦を攻撃する兵器として、爆雷は第二次大戦中にその機能、性能、運用方法など全てが頂点に達した。しかし現代の水雷兵器の中からは爆雷は姿を消している。

潜水艦の潜航位置探索に多くの人手を要し、爆雷攻撃の現場でさらに多くの人手を要しながら、その攻撃効果に今一つ不確実要素の多い爆雷戦法は、現代の潜水艦攻撃戦法としてはなじまなくなっているのである。

不確実な時間のかかる攻撃方法よりも、高性能なホーミング魚雷のように自ら敵潜水艦の所在を探知し、確実に相手を撃沈できる兵器は爆雷兵器を完全に駆逐してしまったのである。

水雷兵器はその着想に多くの興味が潜んでいることは、本書を一読いただくことにより理解いただけると思う。

日本海軍は結果的には水雷兵器では魚雷以外には多くの遅れをとっていた。機雷においては、ついに接触型の係維式機雷以外の進化が見られなかった。磁気機雷ですら実用化が遅れ実戦に使われたものはなかった。

爆雷においても、第二次大戦では最も先進的であった前投射式爆雷の開発は日本海軍にはなかった。発想の転換、新しい発想の醸成と開発においては日本は英米に対して一歩も二歩も遅れをとっていた。その中の最たるものは電子兵器の開発の遅れである。実用的なレーダーやソナーの開発の遅れは、実戦ではそのまま水雷兵器の初歩的な使い方を固守させることになったのである。

水雷兵器は決して古い兵器ではない。今後はさらに新しい発想の水雷兵器が出現するのではなかろうか。ある意味大変に興味が持たれるものである。

『水雷兵器入門』目次

水雷兵器入門

機雷・魚雷・爆雷の発達史

第1章　水雷前史

まずこの章を繙《ひもと》き始める前に「水雷」という言葉の定義を説明する必要がある。水雷とは「火薬の爆発によって直接的に水中で艦船攻撃を行なう兵器をいい、具体的には機雷、魚雷、爆雷及びその他の特殊水中兵器」の総称と定義づけることができるが、もともと水雷という言葉は日本独特の言葉で、欧米にはこの言葉に該当する言葉はなく、日清・日露の両戦争の最中に誕生した言葉ということができる。

水雷の歴史は機雷に始まり、その後魚雷が誕生し、そしてそのしばらく後に爆雷が誕生して「水雷三兵器」が誕生することになるのである。水雷の歴史は決して古くはない。当然のことながら水雷は火薬の発明があり、爆発剤が開発されたずっと後の産物で、歴史に残っている水雷兵器の最初は、一七七六年にアメリカ独立戦争の最中に

アメリカ独立戦争の時に実用された機雷

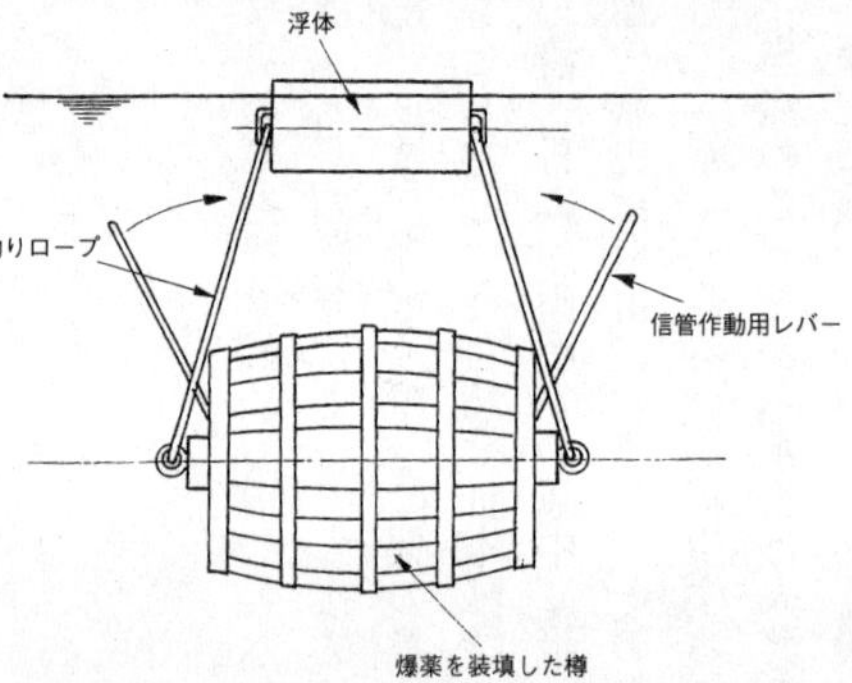

アメリカの義勇兵に味方した科学者が発明したものとされている。この初歩的な機雷は侮《あなど》りがたい代物で、見事に停泊中のイギリスの小型帆装商船を撃沈してしまったのだ。

その百年後のアメリカの南北戦争で再び機雷が登場する。この時は南軍側が圧倒的に優勢な北軍の艦船部隊を攻撃するために多数の特製の機雷を敷設し、北軍の艦船に多大な損害を与えた記録がある。また南北戦争より少し早く勃発したクリミア戦争の際には、ロシア海軍がバルト海を封鎖するために機雷を敷設したという記録がある。また一八六三年に鹿児島湾で勃発した日本の薩英戦争の際に、島津藩は陸上からの電気信号で爆発を起こさせる定置型の待ち伏せ機雷を敷設した記録がある。しかし結果的にはこの時この機雷の活躍（爆発）はなかった。

この頃の機雷は様々な形式の初歩的な構造の機雷であったが、いずれの場合も機雷

南北戦争で使用された南軍の機雷

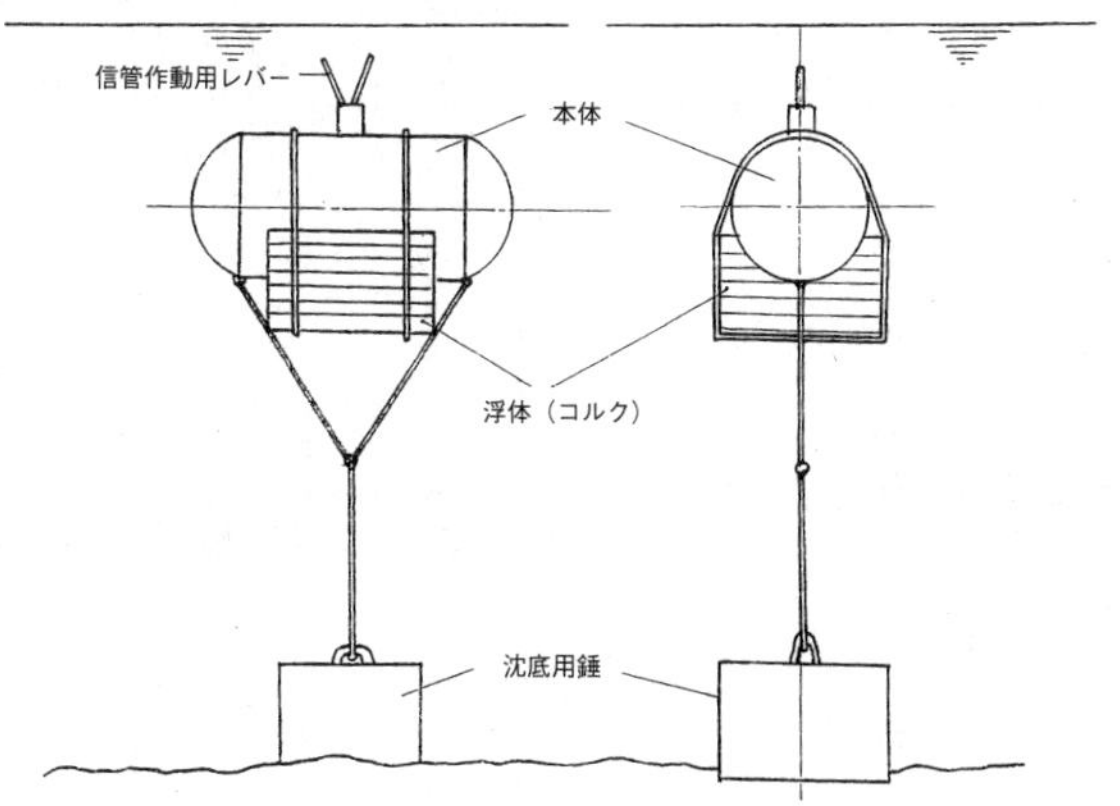

内には百キロあるいはそれ以上の爆薬が装填され、起爆装置には試行錯誤の様々な工夫が凝らされていたのである。

アメリカの独立戦争の時に初めて実戦で使われた機雷は、アメリカ人のロバート・ブッシュネルが考案したもので、火薬をつめた樽に当時一般的に使われていたマスケット銃のフリントロック式撃発装置を取り付け、これを浮体となる空の樽に吊り下げ、近くの湾に流れ込む川に流した。この特製の機雷は流れに漂っていたが、たまたま河口付近に停泊していたイギリスのスクーナー型の小型木造帆船の吃水線付近にぶつかり、撃発装置が作動し火薬樽が爆発、スクーナー型商船は木端微塵に破壊され、乗船していた乗組員のほとんどが死亡するという戦果を挙げたのである。

この出来事が水中兵器が実際に船舶に損害を与え撃沈した第一号になったのである。実はブッシュネルがこの特製の機雷で攻撃したかったのは、このスクーナーから離れて停泊していた三十二門の大砲を装備していたイギリスのフリゲート、セルベラスであったのだ。

しかし水流は計画通りに機雷を目標に運ぶことなく、運悪く（運良く）他の船に当たってしまったのである。

しかしこの突然の出来事はイギリス側に大きな衝撃を与えることになり、その後のこの戦争の行方にも大きな影響を与えることになったのである。

日本の薩英戦争（一八六三年・文久三年）において準備された機雷はいわゆる初歩的な管制機雷といえるもので、湾内に侵入してくるであろうイギリスの軍艦の航路を想定し海底の一点に機雷を仕掛け、これと陸上の爆破装置とを電纜で繋ぎ、機雷の位置付近に敵軍艦が接近したときに陸上から電気信号を送り、機雷を爆発させようとするものであった。

この機雷こそ日本最初の機雷と位置づけることができるものであった。その構造は

薩英戦争で薩摩軍が考案した機雷

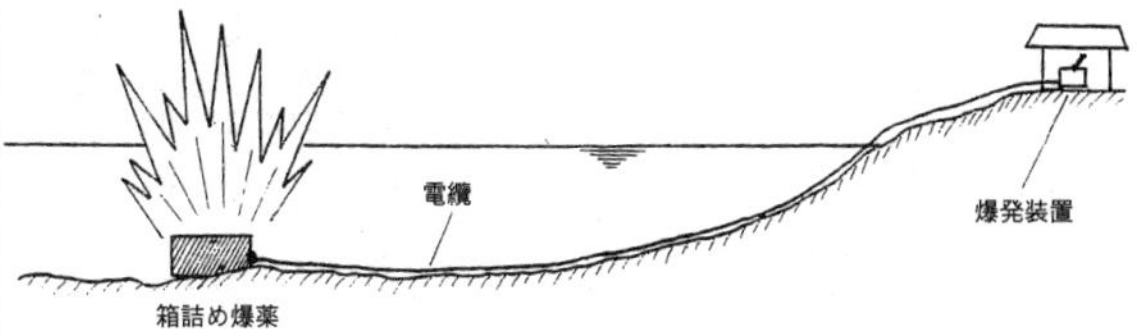

厚さ四・五センチの松材で、縦・横・高さ各一メートル、一メートル、一・八メートルの頑丈な木箱を作り、その中に百八十キロの火薬を詰め、電気式発火装置を取り付け、この発火装置を陸上からの電気信号で発火させせようとするものであった。

実際にはこの機雷は使われなかった。その理由はイギリス艦隊は薩摩藩が当初予想した通りの進路で湾内に侵入してきたが、付近に配置されていた砲台が当初の作戦計画を忘れ慌てて発砲を始めたため、敵艦隊は急に進路を変え始め、機雷敷設地点から遠ざかってしまったため機雷を作動させることができなかったのである。

その後の機雷の主流になった係留式接触機雷の原形は、一八一〇年にアメリカのロバート・フルトン（蒸気船の発明者と同一人物）が考案したものが最初とされており、クリミア戦争の際にロシアがバルト海に敷設した機雷はフルトン式係留機雷とされている。

その後機雷が実戦で大量に使われ出したのは、一九〇四年に勃発した日露戦争の時で、日本側とロシア側が敷設した機雷（係留式機雷）で、日露共に二隻の戦艦を失い、日本側はその他に十六隻の艦艇を失うという結果をもたらした。機雷は海の地雷に相当するもので、敵側に恐怖心をあおること夥しいものとなったのであり、水中兵器としては成功したものとなった。

機雷という名称は本来日本語であり機械水雷の略なのである。機雷は当初アメリカやイギリスでは「TORPEDO」と呼ばれていた。「TORPEDO」の本来の意味は「シビレエイ」のことで、この魚は海底の砂地に潜り込み獲物の魚を待ち伏せし、獲物の魚が頭上を通過した場合、シビレエイは尾部の毒針を突き上げ一撃で獲物の命を奪ってしまうという極めて危険な魚なのである。

つまり機雷を「シビレエイ」に例え、海中で静かに係留されて敵の現われるのを待ち、敵が現われ接触するとたちまち爆発し獲物の船を撃沈してしまう、という姿を「TORPEDO」と呼んだのである。しかしその後魚雷が出現するとこの水中兵器を「FISH TORPEDO」と呼ぶようになり、日本ではこれを直訳し魚雷を「魚形水雷（略して魚雷）」と呼び、機雷を「機械水雷」と呼ぶようになったのである。そしてこれとは別にアメリカやイギリスでは機雷を「MINE」と呼ぶように区別したのである。

実は英語では地雷のことも「ＭＩＮＥ」と呼んでいるが、機雷と地雷は言葉は同じでも用途が違うために特に区別して呼ばないまま現在に至っているのである。

魚雷の原形は一八六四年にイギリスの民間の研究家であるロバート・ホワイトヘッドの手によって初めて試作された。

この魚雷は直径三十六センチ、長さ四メートルの細い円筒状をしており、後端には舵とスクリューが付いており、後の魚雷と全く同じ形状をしていた。

円筒型の胴体の中は、前頭部には十八キロの火薬と信管と起爆薬が内蔵され、本体の大半は圧搾空気のタンクになっていた。圧搾空気の圧力は四十六気圧で、その後方には圧搾空気の力で動く星型三気筒のモーターが内蔵され、そこから推進軸が外に突き出されその先にスクリューが取り付けられ、その外側に舵（最初は固定式）が取り付けられていた。

この魚雷の重量は百三十五キロで、水中を時速十五〜二十ノット（時速約二十八〜五十五キロ）で直進することができ、水深三メートルの海中を百二十メートルほど直進することができた。

イギリス海軍はこの新型の水中兵器に興味を抱き直ちにその製造権をホワイトヘッ

ドから購入し、その後の開発が続けられることになったが、一八七一年から七十三年の間にアメリカ、ドイツ、イギリス、フランス海軍が相次いでこの魚雷の製造権を購入している。

イギリス海軍はその後多数の同型の魚雷を製作し実用試験を行なったが、ホワイトヘッド式魚雷の有用性を認め一八七〇年にイギリス海軍の正式な兵器として採用することになった。その一方ホワイトヘッドは魚雷製造会社としてホワイトヘッド社を設立し、イギリス海軍と一体となりその後のイギリスの魚雷の研究開発が続けられることになったのである。

日本海軍が魚雷を入手したのは一八八四年（明治十七年）のことで、その魚雷はイギリスではなくドイツのシュヴァルツコップ社が開発したホワイトヘッド式魚雷の改良型であった。

ちなみにこの圧搾空気で推進する魚雷はその後「冷走魚雷」と呼ばれることになり、後に開発された加熱された圧搾空気や加熱蒸気で駆動する「熱走魚雷」と区別されることになったのである。

日本が購入したシュヴァルツコップ社の魚雷は、直径三十六センチ、全長四・六メートル、炸薬量二十一キログラム、速力二十二ノット（時速四十一キロ）、射程四百メートルというもので、初期のホワイトヘッド式魚雷よりも多少の進化を遂げていた。

日本海軍もこの水雷兵器を極めて有用な兵器として認め、一八八四年から一八八八年にかけて、合計五百七本の魚雷をシュヴァルツコップ社から大量購入している。そしてこれらの魚雷を手本に日本海軍は独自の魚雷開発を進めることになった。

水雷三重要兵器の三つ目の爆雷は、水雷兵器としては最も遅く開発されたものである。爆雷の歴史は一九一一年（明治四十四年）に始まる。

イギリス海軍はそれまでの機雷の中心的存在であった係留式機雷に対し、降下式機雷（Dropping Mine）という新しい機雷の開発を始めた。この機雷は敵艦隊の集結している基地に高速小型艇を侵入させ、降下式機雷を搭載した高速艇は敵艦の位置を通過しながらこの機雷を投下するのである。その直後に機雷は爆発し敵艦は甚だしい損害を受けるというもので、いかにもイギリス人好みの奇襲攻撃用兵器であった。

ところがこの兵器の開発が進められている段階で、この降下式機雷は全く別の用途の兵器として至急の開発が進められることになったのである。用途は潜航する敵潜水艦を攻撃する水中兵器である。

一九一四年に第一次大戦が勃発すると、ドイツ海軍は連合軍側商船に対し多数の潜水艦を使った雷撃攻撃を展開したのであった。この潜水艦による雷撃は連合軍側としては警戒はしていたものの、その実施の速さに大きな戸惑いを示すことになった。つまり連合軍側には潜航する敵潜水艦を積極的に攻撃する戦法がまだ何一つなかったのである。

ドイツ潜水艦側も当初は目標の商船に攻撃の事前通告を行なうゆとりもあったが、一九一六年以降は完全な無制限攻撃へと移行した。連合軍側はこの驚異の潜水艦攻撃を何としても押さえ込む必要があり、苦肉の策として開発途上の降下式機雷を急遽潜水艦攻撃兵器に転用する試験を開始した。

潜水艦攻撃用の機雷は一九一五年に完成を見た。そして早速、実用兵器として正式に採用されることになったが、この兵器の呼称は「Depth Charge」と呼ばれ直ちに大量生産に入った。そして駆逐艦や各種護衛艦艇にはこの「ＤＣ」を投下する装置が取り付けられることになったのである。

開発当初の「ＤＣ」はその後世界で長く使われた爆雷と同じ形状で、爆発原理も内部構造もほとんど変わりがなかった。形状は小型のドラム缶状で内部には百五十キロの火薬が装填され、当初の信管は投下時にあらかじめセットする時限信管で作動する仕掛けになっていた。

「ＤＣ」はその後アメリカやイギリス海軍では開発当初のままの名称で「Depth

Charge」と呼ばれることになった。日本海軍でも実用化した当初は「デプス　チャージ」と呼んでいたが、その後「爆雷」の呼称が使われるようになった。

爆雷は駆逐艦や護衛艦艇の艦尾に取り付けられた「爆雷投下台」に数発ずつセットされ、投下に際しては爆雷を固縛するワイヤーやロープを外して行なった。

当初の爆雷攻撃は一度に複数の爆雷を投下するとか連続して投下することは行なわれず、ほとんどの場合は単発投下であった。

当然のことながら海中に潜む潜水艦を探知する方法は一九一七年頃から開発が進められ、ソナーの原型になる初歩的な音波探信儀が開発されていたが、その精度は潜航中の潜水艦を探知するには程遠いもので、確実に対象物を探知できるソナーは一九三〇年後半まで待たなければならなかったが、その時点でもまだ探知精度は正確さを欠いていた。

当時の潜水艦の攻撃方法は、一にも二にも海面に突き出た潜水艦の潜望鏡の発見が第一で、その進む方向から爆雷投下地点を推察するか、あるいは魚雷が発射された地点を推定し、その地点に爆雷を投下する方法が潜水艦攻撃の基本であったのである。

結果的には第一次大戦における爆雷攻撃の効果（戦果）は「推定撃沈」という結果が多く、戦後のドイツ側に対して行なった潜水艦の損害状況からも、爆雷攻撃で撃沈されたドイツ潜水艦は極めて少数であったとされている。ドイツ潜水艦の撃沈事例は、浮上航行中に水上艦艇からの砲撃で撃沈されたもののほうが圧倒的に多かったとされている。

第2章　機雷

機雷の出現

機雷が実際の戦いの場で使われ、その驚異的な効果を証明したのはアメリカの独立戦争の時である。全てにおいて劣勢であった南軍は、攻め寄せる北軍海軍の艦艇の攻撃から港湾を防備するために、海底に着底させた機雷を電纜で陸上の管制室と結び、敵艦艇の接近時に陸上から機雷を爆発させる戦法を多用した。

この結果、北軍は合計三十二隻の大小の艦艇を失うことになった。これは当時の南軍側が水上戦闘で撃沈破した北軍の艦艇の総数の三倍に相当するものであった。

日本海軍の機雷の研究は一八七三年（明治六年）にスタートしている。当時の海軍兵器局長が欧米に出張中にアメリカで機雷の研究が盛んであることを知り、日本海軍でも機雷の研究を始めるべきとしたことが始まりである。

その後明治七年に軍人一名をイギリスからアメリカに派遣し機雷の研究に当たらせた。そして同時に海軍内に水雷製造局が置かれることになった。

日本の機雷の第一号は一八八六年（明治十九年）に試作されている。この機雷は直径五十六センチ、長さ九十センチの円筒型の機雷で、炸薬は八十キログラムであった。発火装置には当時の欧米では一般的であった電路啓閉器式（後述）が使われていた。

そして一八八九年（明治二十二年）に量産型のこの機雷を取り扱う水雷隊が編成され、横須賀、呉、佐世保、大湊、舞鶴などの各要港で活動を開始している。

日露戦争は機雷の有効性が世界の海軍に対して確認された最初の戦いであった。この戦争でロシア側は日本海軍が敷設した機雷で戦艦二隻（セバストポーリ、ペトロパブロフスク）が失われた一方、日本海軍はロシア側が敷設した機雷で同じく戦艦二隻（初瀬、八島）を失い、他に巡洋艦と駆逐艦等合計九隻を失った。

これだけの大規模な損害が出たことに世界の海軍は機雷の脅威を改めて認識することになり、以後の各国の機雷の研究と作戦用法が急速に進むことになったのである。

当時の機雷は全てが係維式機雷で、爆発のメカニズムも全てが機雷本体表面に突き出た触角に触れるとそこに電気回路が生じ、そこで起爆装置が作動し本体内部に充填された爆薬が爆発する方式のものであった。

機雷の敷設方法も、海面に投下されてからの作動方式も、ほとんど世界共通のメカニズムが採用されていた。

つまり機雷は敷設専用の艦艇が準備され、敷設が必要な海域に必要な分布で敷設する方法がとられていた。機雷の敷設は自国の港湾への敵艦艇の侵入を防ぐ防備兵器であると共に、敵の陣営の海域に隠密に敷設し、敵艦艇の行動の自由を阻害することにも使われる、陸上の地雷敷設のように極めて効果的な兵器であるために、いずれの海軍でも重用されたのである。

第一次大戦中でも機雷は水中兵器として多用され、敷設された機雷は連合軍側が十二万九千個、枢軸軍側が四万三千個という多数に上った。

連合軍側はバルト海からドイツ海軍の大西洋に面した拠点であるヴィルヘルムスハーフェンにかけて、またドイツ潜水艦の侵入を防ぐためにイギリス本土周辺の沿岸やドーバー海峡にかけて、さらにバルト海方面から大西洋に抜ける水路海域などに大量の機雷を敷設した。一方、ドイツ海軍はイギリス本土の要港や重要な湾の入り口、ドーバー海峡などに大量の機雷を敷設した。そして地中海にも要所に機雷を敷設したが、地中海の機雷敷設は潜水艦で行なわれた。

これら広範囲に敷設された機雷による双方の艦艇の損害は決して多くはなかったが、それらの中でも最大の損害は、地中海東部のミルトア海のケア海峡で一九一六年十一月二十一日に、ドイツ側が敷設した機雷で撃沈されたイギリスの病院船ブリタニック号の例であろう。同船は有名なタイタニック号の三隻目の姉妹船として完成した巨大客船（四万八千百五十八総トン）で、イギリス政府が病院船として徴用していたものであった。ちなみにブリタニック号は第一次と第二次大戦で戦禍で失われた最大の商船である。

この時の機雷はドイツ潜水艦が敷設したもので、連合国側の艦艇の最も通行量が多いケア海峡に敷設したものであった。この時ブリタニック号はガリポリ作戦の傷病兵をイギリス本国まで輸送するために目的地に向かっていたのであるが、もし復航時にこの触雷被害を起こしていれば、傷病兵の数は五千名以上が予定されていただけに、沈没による人的被害は驚異的な数字に上っていたことが想像された。

第一次大戦後に大規模な機雷作戦が展開されたのは第二次大戦である。第二次大戦では連合軍側と枢軸軍側が合計五十五万個の機雷を敷設したが、この数は第一次大戦時の三倍に相当する数である。

機雷の敷設に対しては機雷の除去（掃海）も展開されることになり、敷設と掃海との間の虚々実々の戦いも展開されることになった。

第二次大戦中に機雷で撃沈されたり損害を被った連合軍側と枢軸軍側の艦船の合計は、実に二千隻（約四百万トン）を超えるものと算定されている。

日本では太平洋戦争の末期の一九四五年三月以降終戦までの間に、西日本を中心とする海域に大量の機雷が航空機から敷設され、合計二百二十六隻、四十七万総トン（この中には戦後未処理で残されたこれら機雷の爆発で沈没・損傷した船舶も含まれる）の商船が失われた。

両大戦後に発生した世界の機雷の損害（被害）としては、一九五〇年に勃発した朝鮮戦争に関わるものがある。朝鮮戦争の勃発を前にして北朝鮮海軍は、北朝鮮の東岸部の要衝である元山港周辺に実に五千個のソ連製の機雷を敷設した。この方面に対する連合軍の上陸を阻止することが目的である。これら機雷の大半は連合軍側の掃海作業で除去されたが、しかし一九五二年から一九五九年にかけて日本の日本海側の海岸に多数の浮遊機雷の漂着が確認されるという事件が発生した。当然ながら幾つかの爆発事故も発生し人的被害も出た。またこれら浮遊機雷の一部が津軽海峡にも侵入する事態となり、青函連絡船の運行に大きな障害となったのである。

日本の海岸に漂着したり海上で処分されたりした機雷の総数は四百三十個にも達し

たが、これら浮遊機雷の発生源は結局はつかめなかった。元山港周辺に敷設された大量の機雷が係留索が切れて浮遊を始めたのか、連合軍側と敵対関係にある北側（北朝鮮やソ連）が意図的に浮遊させたのか、その原因は確定できなかった。

いずれにしてもこれら浮遊機雷は日本海の特有の海流に乗り、あるいは強い北東の季節風によって日本の海岸や周辺海域に漂着したことは確かであったのだ。

その後の世界の局地的な紛争の中で機雷が使われた例としては、一九六七年の第三次中東戦争、一九七一年のインド・パキスタン戦争、一九七二年のベトナム戦争、一九九一年の湾岸戦争等で小規模な機雷敷設は見られたが、大規模な機雷作戦までは発展しなかった。

機雷の敷設は比較的容易に行なわれるが、戦争が終結した後の敷設機雷の掃海は容易ではないのである。多くの場合一般航行の商船への禍は大きく、機雷は長短を相持つ厄介な兵器なのである。

太平洋戦争後、日本海軍が敷設した機雷の除去（掃海）は、敷設位置が正確にわかっている旧海軍の手で行なわれたが、戦争末期に日本西部沿岸に航空機から集中的に敷設された機雷の正確な位置はつかみきれておらず、約五千個にのぼるこれら機雷の除去にはその後長い年月を要することになった。現在でもときどき瀬戸内海などでこの時敷設された機雷が発見され、爆破処理されていることは読者の皆さんも承知の事実である。

機雷の種類

この項を進める前に機雷の定義に付いて明確にしておきたい。機雷は現代では次のように定義付けられている。

「水中に敷設され、艦船が接近または接触したとき自動的または遠隔操作によって作動（爆発）させる水中兵器」。つまり水中から敵艦船に接近し、それらの船底に人為的に爆薬を仕掛け、時限装置などにより爆発させるものは機雷には含まれない。つまり第二次大戦中にイギリス海軍やイタリア海軍が実施した超小型潜水艇（ミゼット）で敵艦船が停泊する港湾などに潜入し、潜水服を着用した乗組員が敵艦の船底に爆薬を仕掛けた場合は、機雷に含まれないのである。

機雷は原則的には敷設位置が定められた独立機雷が基本の姿である（独立機雷に対し海流によってあえて浮遊させる機雷を自由機雷と呼ぶ）。独立機雷は敷設された後は敷設位置を全く変えることがない。

独立機雷の基本的な姿は、海底に固定された係維器から伸びた保維索につながれ水面下数メートルの位置に浮遊させる、いわゆる係維式機雷である。この形式の機雷は機雷の出現当初から考案されたスタイルで、その後も主力の機雷形式として使われてきた。

　これに対し一九三〇年代に入り急速に発達を遂げた機雷が、浅海の海底に設置する沈底式機雷である。この形式の機雷は接触により爆発するものではなく、幾通りかの物理的な信号に感応して爆発機構を作動させる機雷で、敷設も航空機から投下することで簡単に行なえるという簡便さを持っている。その一方では極めて掃海がしにくい機雷でもあるのだ。

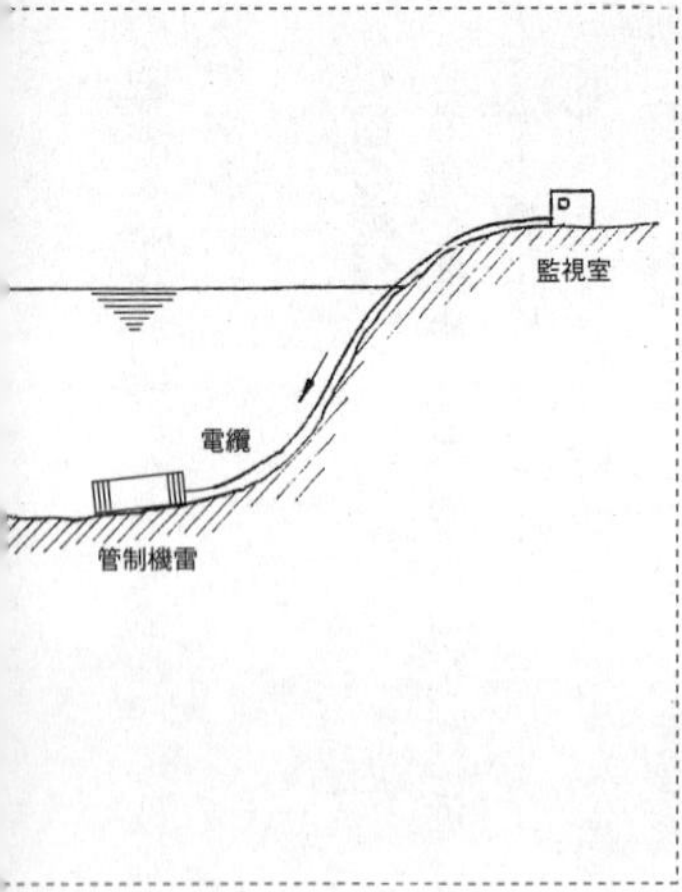

　この沈底式機雷は海面下五〜四十メートルの海底に敷設され、敷設され真上の至近の海面を船舶が通過した場合、この時周辺の海中に発生する磁気や騒音や水圧の微妙な変化を探知し、その変化に対し起爆装置が反応し爆発する仕掛けのものである。

　次にこれら係維式機雷と感応式機雷の二つの系統の独立機雷について、その機能に

機雷の種類

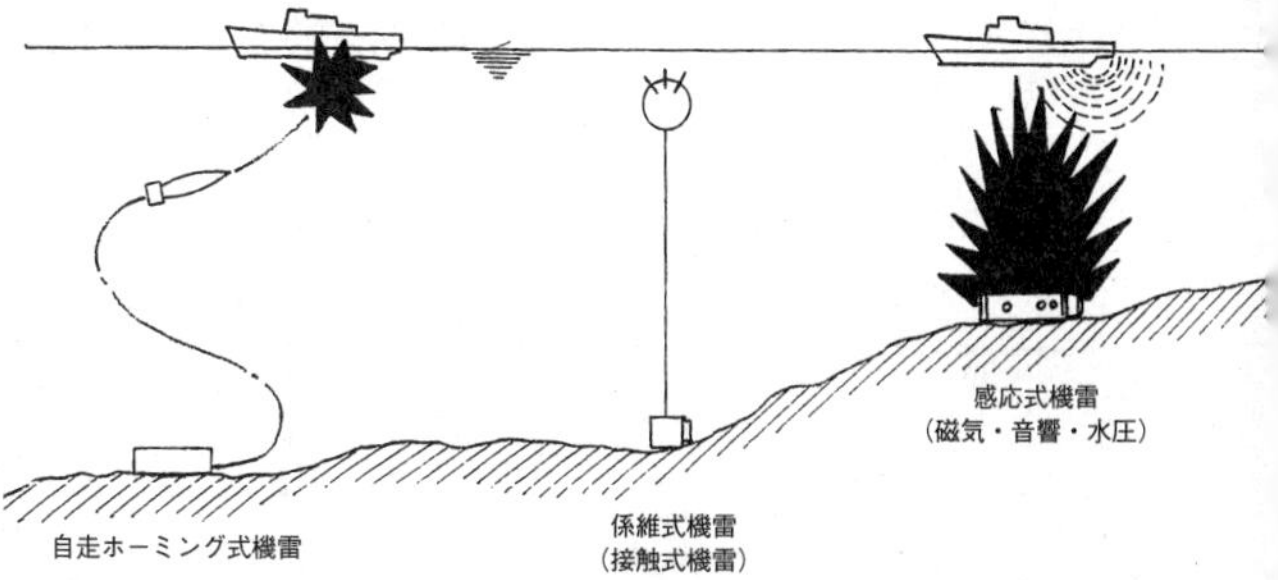

ついて説明を加えたい。

1、係維式機雷

この形式の機雷の基本的な爆発機構は、相手との接触により起爆装置が作動する接触爆発の機雷なのである。その原形はすでに説明したとおりロバート・フルトンが一八一〇年に考案したもので、その後の係維式機雷の基本となったもので、現在に至る二百年間、いまだにその基本構造は同じなのである。

機雷の本体は通常は球体の浮体でその内部に炸薬が設置され、これに雷管と伝爆薬の起爆装置が組み入れられている。一方球体の表面には数本の接触突起（通称：機雷の角《つの》）を取り付け、この内部に組み入れられた電気発生回路と起爆装置を接続し、接触突起が船などに接触し破損したときに内部に電気回路が完成し電流が通じ、起爆装置が働き炸薬が爆発する仕掛けになっているのである。

構造的には極めて単純であるために安価に大量生産することができることがこの機雷の特徴である。しかし広い海域の中で船舶の接触を待つ、ということは兵器としては大変に効率が悪いものになる。そこでこの機雷の敷設に際してはいかにして効率的に敵艦船を捕捉するか、敷設に際して様々な工夫が凝らされることは当然のことである。後に詳しく述べるが、例えば少しでも敵艦船を効率良く捕捉するための仕掛けとして、機雷の本体同士を索具で結び、敵艦船が機雷に接触しなくとも、索具に接触すれば機雷が引っ張られしまいには機雷が船底に接触し爆発する、という手段も講じられるのである。

2、感応式機雷

感応式機雷の基本的な感応信号には、船の航行によって発生する磁気の変化、スクリュー音などの音響の変化、船舶の接近にとって変化する微妙な水圧の変化の三つが存在する。これらの三つの変化を微細に感知して船の接近を自動探知し、変化の最大限に達したときに爆発するのが感応式機雷である。

これらの感応式機雷の中では磁気の変化を探知して爆発機構を働かせる方法が最も早く開発され、第二次大戦劈頭にはドイツでもイギリスでも開発さていた。そして第二次大戦中頃に音響感応式、水圧感応式の各機雷が実用化され、実戦に投入されるようになった。次にこの感応式機雷についてそれぞれ解説する。

接触式機雷の内部構造（爆発メカニズム）

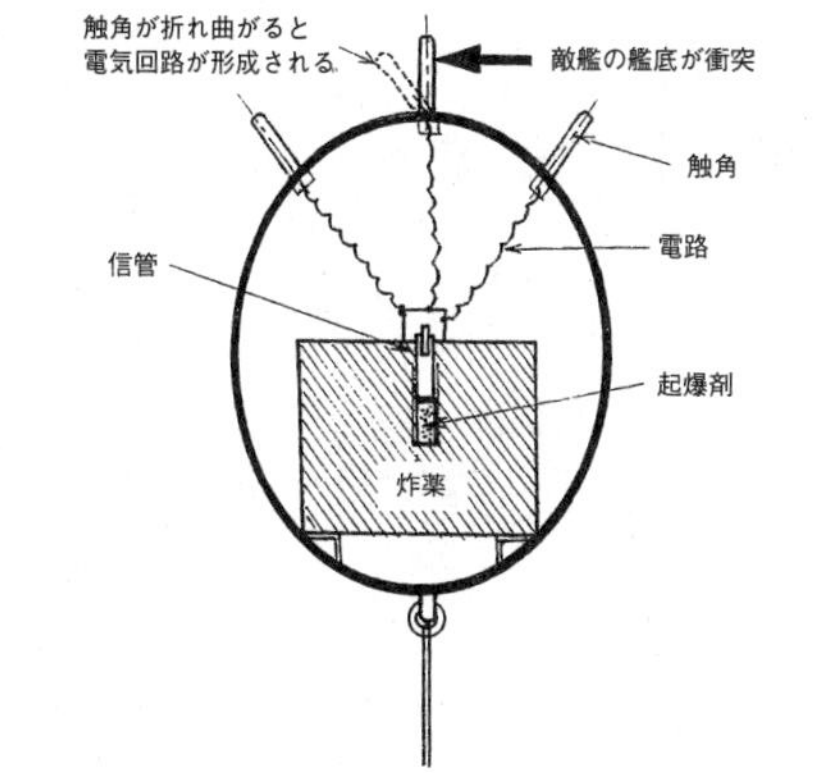

イ、磁気感応式機雷

地球は巨大な磁石であることは周知の事実である。このために地球上のあらゆる場所には一定の安定した磁場が存在している。しかしこの安定した磁場の中に磁性体が置かれるとその周辺の磁場は乱れる。最も身近な磁性体としては鋼鉄がある。鋼鉄で造られた船が海面上を航行している場合、その周辺（海中も含め）

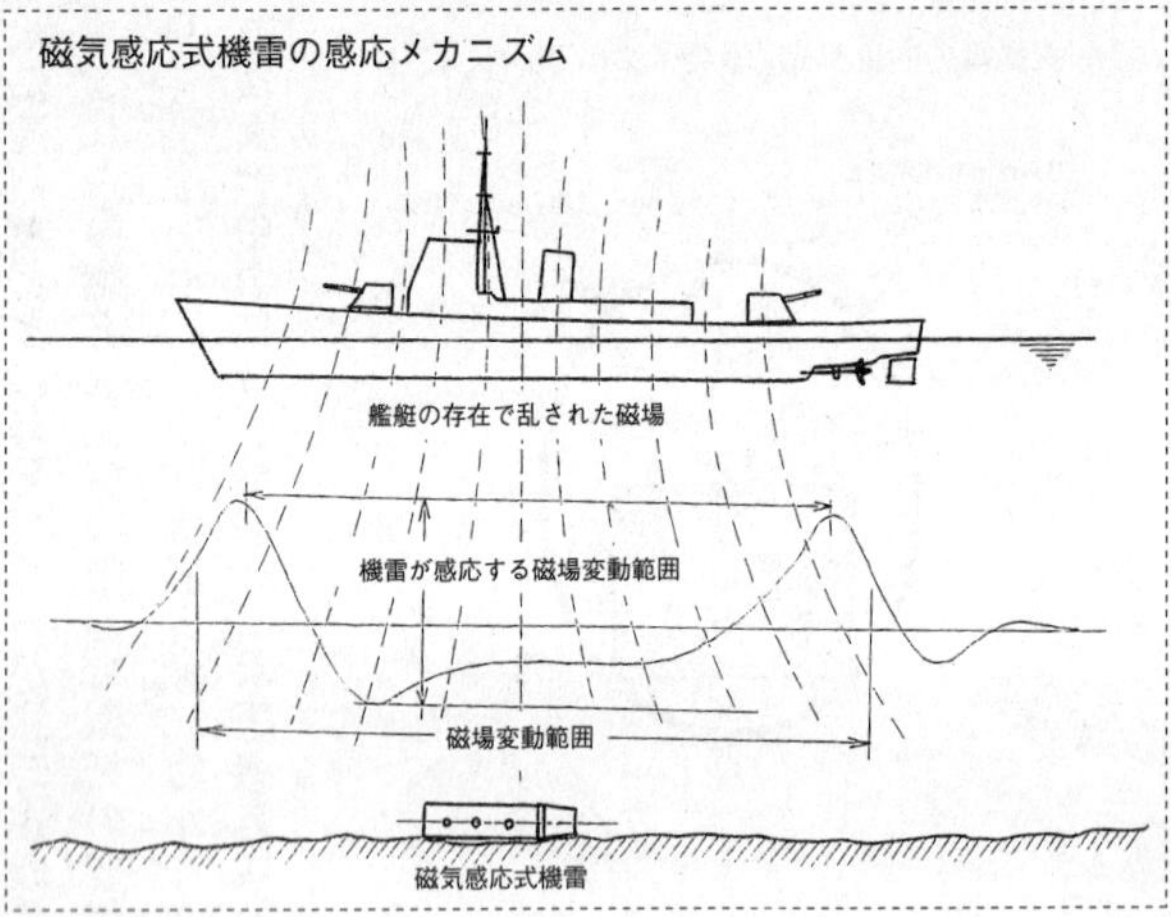

の磁場には乱れが生じる。艦船という強力な磁性体は船の垂直面にも水平面にも磁場を作り出す。このわずかに作り出された磁場の変化を感知し、爆発センサーを作動させようとするのが磁気機雷である。

一九三五年にはすでにドイツで磁気機雷を実用化していた。そして第二次大戦の劈頭に多数の磁気機雷をイギリス本島周辺に敷設し、イギリス艦船に大きな被害を与えた。

この磁気機雷は爆発力が効果的に現われる水面下五〜二十メートルの海底に敷設するのが通常の敷設方法で、形状も爆弾状をしており航空機からの投下敷設も可能である。

この磁気機雷の被害から艦船を守る方法として、磁性体の船体の周辺に電路を巡らし自船が発生する磁気を消す（消磁）方法がある。しかし高感度の磁気探知機構を組み入れた磁気機雷の誕生により、消磁しても微細な磁気が発生している艦船を高感度の磁気機雷で探知し爆発することは可能なのである。

磁気機雷の出現により敵艦船を点接触で捕まえるのではなく、限定はされるが狭い範囲の面で捕らえることが可能になり、機雷の敷設の効果は拡大されたことになった。

ロ、音響感応式機雷

この機雷は機雷の内部に艦船が航行する際に発生する推進器の音、あるいは船首で波を切り裂く音を感知し、そのドップラー効果を利用して最大感度に達したときに起爆装置が作動し炸薬が爆発する機雷である。

海中では航行する船が発する様々な音が探知される。その中でもスクリューの回転で水を切り裂く音は最も大きな音源である。またスクリューの回転軸が回転する際に発生する音や振動も大きな音源であり、また高速で航行する船が船首で波を切り裂く音も大きな音源である。そしてこれらの音は海中では騒音となってかなり遠方まで聞こえるのである。

音響機雷の内部に配置された音響センサーはこの音響を電気信号に変換し、設定さ

音響感応式機雷の感応メカニズム

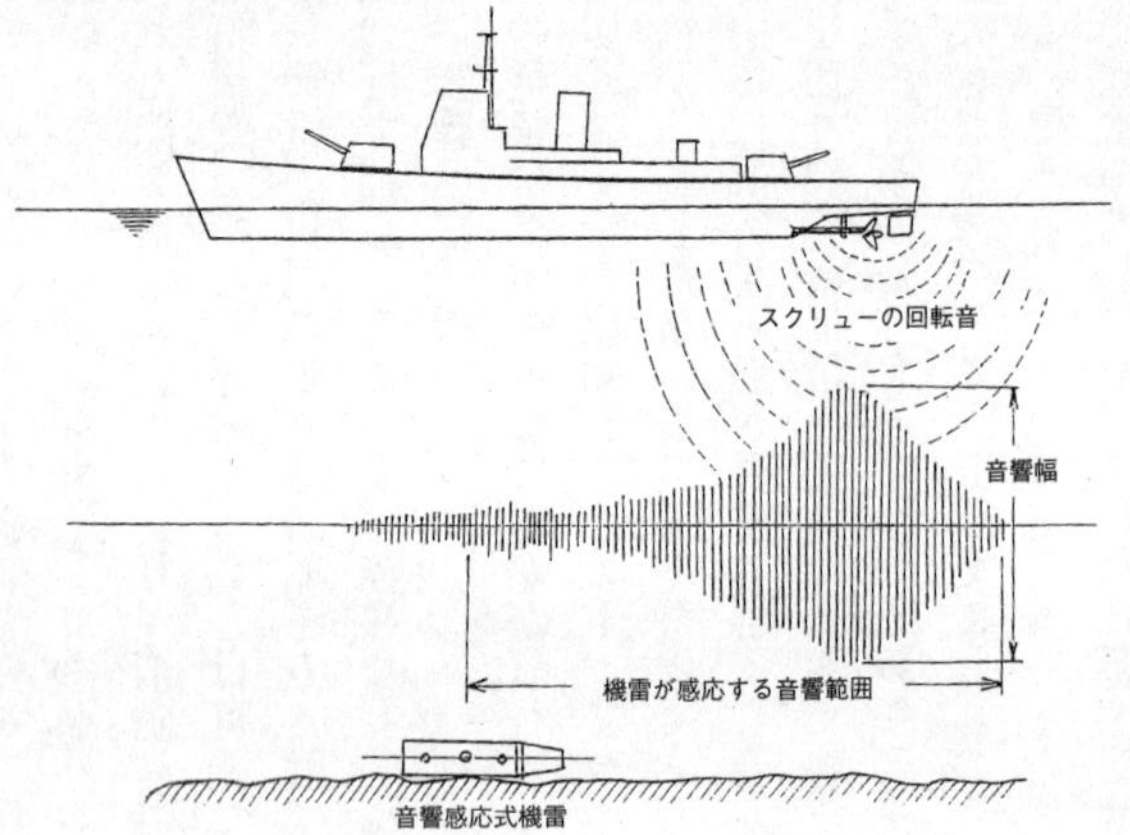

れた最大音響範囲に入ったときに起爆装置が作動し炸薬が爆発する仕掛けになっているのである。

第二次大戦末期に日本の沿岸にアメリカのB29重爆撃機は大量の各種の感応式機雷を空中投下し敷設したが、その全てには磁気感応機能が組み込まれ、また同時に多くの機雷には音響感応機能が組み込まれていた。

瀬戸内海には関門海峡を中心に大量の機雷(四千七百発以上)が敷設され、一九四五年四月以降はこれらの機雷による日本船舶の沈没や損傷が続発した。そして投下された機雷の七十パーセントが磁気と音響の複合感応式機雷で、七月以降は関門海峡はほぼ船舶の航行が遮断されてしまった。

実はここに興味ある話がある。日本海軍は一九四四年末から一九四五年にかけて四隻の八百総トン級のコンクリート製の貨物船を建造した。船舶建造用の鋼材の逼迫に対する対策の一つであった。

このコンクリート船は関門海峡を含め瀬戸内海全域が機雷の敷設で航行が危険となった中で、一度も機雷の被害を受けずに航行できたのであった。

コンクリート船が機雷の被害を受けなかった（受けにくかった）理由には二つの原因が考えられた。それは、

(1)、コンクリート船はある程度の鉄筋は使われているがそれらが強力な磁性体になることはなく、大部分が非磁性体のコンクリートでできているために、磁気機雷に反応しなかった（し難かった）こと。

(2)、後にこれらコンクリート船の乗組員が語ったところによれば、このコンクリート船は航行中でも非常に静かで同じ規模の鋼船に比べ格段に乗り心地が良かった、と証言している。これは鋼板で出来た船と違い、船体が分厚いコンクリートで出来ているために振動が少なく、機関の振動や騒音もコンクリートの厚い壁に吸収され振動も少なく静かな船であったことを示すもので、この船が発生する騒音が音響機

水圧感応式機雷の感応メカニズム

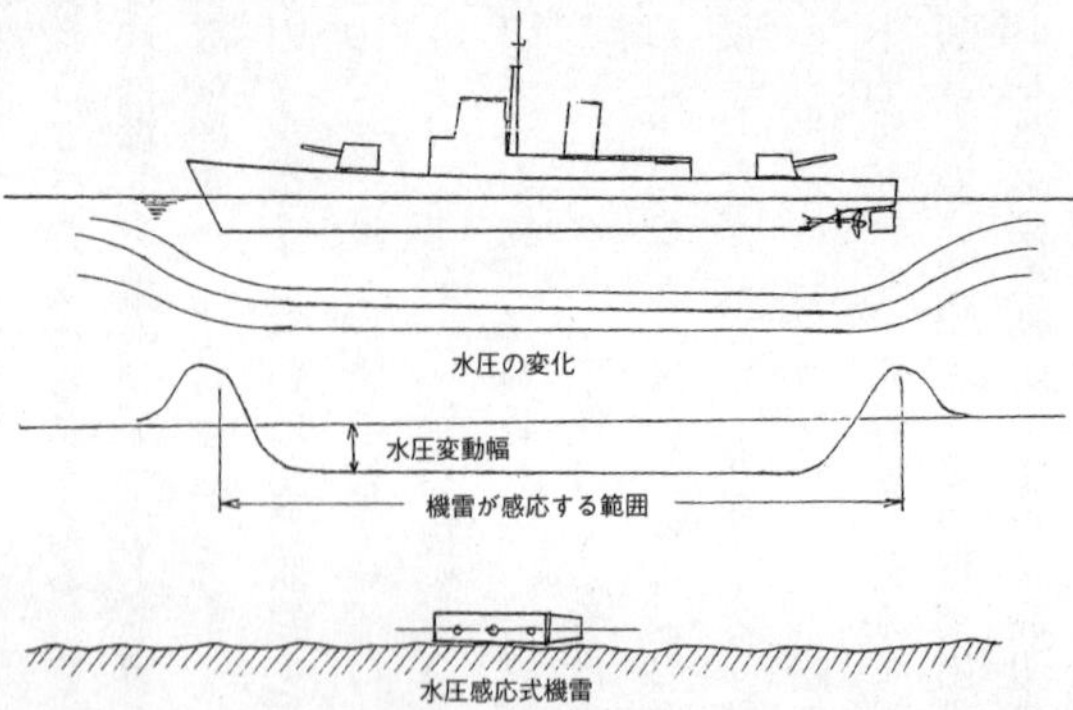

雷センサーの設定値よりはるかに少なかったもの、と判断できるのである。

ハ、水圧感応式機雷

水圧感応式は磁気感応式と音響感応式に比べ開発は遅く、一九四五年初めにアメリカ海軍が初めて水圧感応式機雷を実用化した。最初に実戦に使われたのが日本沿岸に投下する機雷であった。日本沿岸に投下された機雷の約三割にこの水圧感応機能が組み込まれていた。

海底の浅い海を船が航行する場合、その直下の海水にはわずかながら水圧の変化が生じる。このわずかな水圧の変化を感知し、起爆装置を作動させるのが水圧感応式機雷である。しかし水圧の変化は船の規模や速力、敷設された水深や海流に影響されるので、作動が複雑になるのがこの機雷の特徴である。したがってこの機雷の感応補助機能として磁気や音響感応装置を組み入れ、より確実に作動させるのがこの機雷の特徴である。

ニ、複合感応方式機雷

磁気、音響、水圧の各感応機能を二つあるいは三つ備え、全ての変化に対応できるようにした機雷であり、現在の沈底機雷の全てがこの複合感応方式の機雷である。

現在でも係維式機雷は使われているが、最近ではこれらの機雷にも磁気、音響、水圧感応機能が組み込まれ、接触しなくとも至近を通過した艦船に対し爆発する機能が備えられており、より効率的な機雷に変身しているのである。

ホ、最近の機雷

最も新しい機能を持った機雷の一つに、ホーミング機能（自分で敵の所在を探知する機能）を持った特殊な魚雷を内装した機雷がある。これは海底に敷設されるところは沈底式機雷であるが、機雷の本体はカプセル内に装填され、艦船の接近を本体の感応装置が探知すると、カプセル内の魚雷型機雷が自動的に発射され、発射後は魚雷に内装されたホーミング装置が作動し敵艦船を求めて進み目標に命中するものである。敷設水深は三百メートル以内で、魚雷部分の探知・攻撃有効半径は約千メートルとされている。この機動性を備えた機雷はアメリカ海軍が開発したものであるが、現在では同一機能を持った機雷が主要各国で開発が進められ、一部は実用化されている。

この種の機雷はこれまでの機雷の概念を打ち破るもので、機動性を備えた恐るべき機雷と言わざるを得ない。

機雷の構造

近代的機雷の祖ともいえるロバート・フルトンの機雷の構造と、現在でも使われている係維式機雷との間にはさほど大きな違いはないのは驚きである。機雷の構造を知る上ではこの係維式機雷の構造を知ることが第一であろう。

ここでこの係維式機雷の基本構造を図によって解説することにする。

図の係維式機雷は太平洋戦争中に日本海軍が多用した九三式（昭和八年、制式採用）機雷の断面図で、係維式機雷の典型的な姿を示すもので、世界で実用していた係維式機雷の構造と大きな差はない。

図の球形の部分が機雷の本体でありその下の台座状の装置は機雷係維器で、この二つが一体となって係維式機雷が機能するのである。

機雷敷設艦艇の甲板の機雷投下軌条の上には機雷本体が機雷係維器の上に乗せられ配置されている。敷設に際しては二つが一体となって艦尾から海面に投下される。

機雷が投下される前にあらかじめ投下海域の水深は測定されており、投下直前に機雷の敷設深度が調整される。機雷が海面に投下されると球形の機雷本体は一時的に海面に浮き、その間に係維器から深度を測定するための深度錘が繰り出される。そして同時に機雷本体と係維器が分離し係維器だけが海底に向かって沈下を始める。

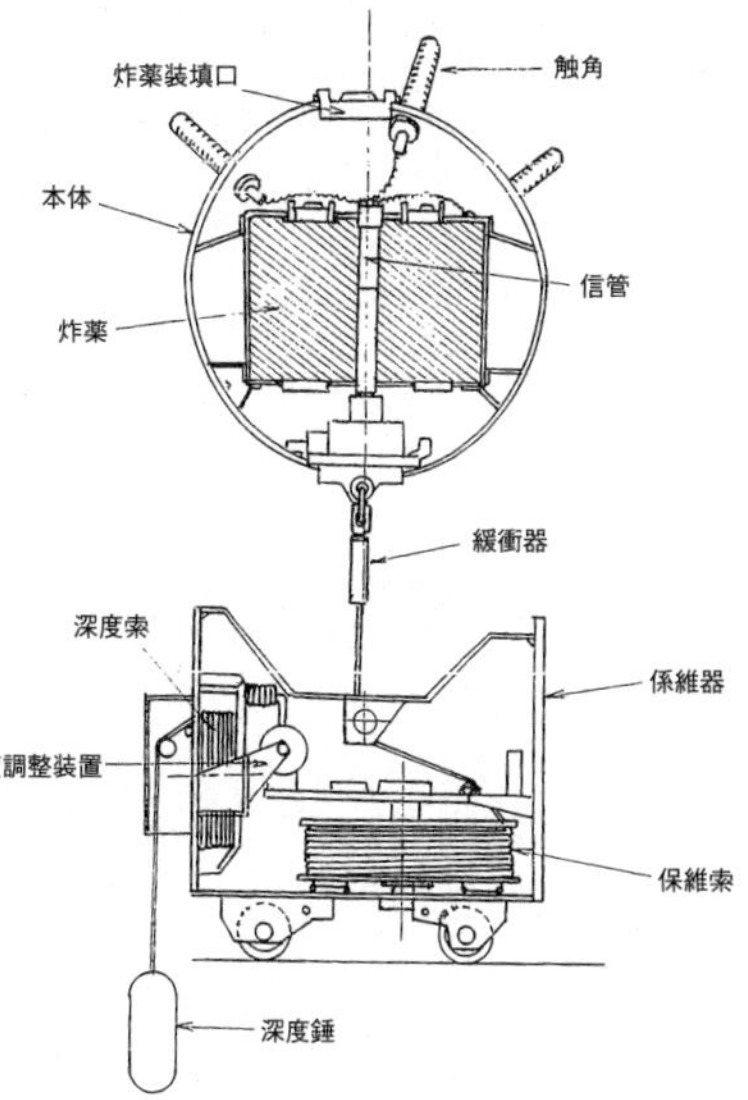

日本海軍九三式機雷の構造

機雷本体と係維器とは保維索で結ばれており、機雷本体と係維器が分離すると同時に係維索が繰り出される。保維索が繰り出される長さは、機雷本体が敷設深度に達するまで（係維器が海底に到達する位置）繰り出される。

一方先に沈下を続けていた深度錘が海底に到達すると同時に保維索を繰り出すローラーが停止し、機雷本体は海面

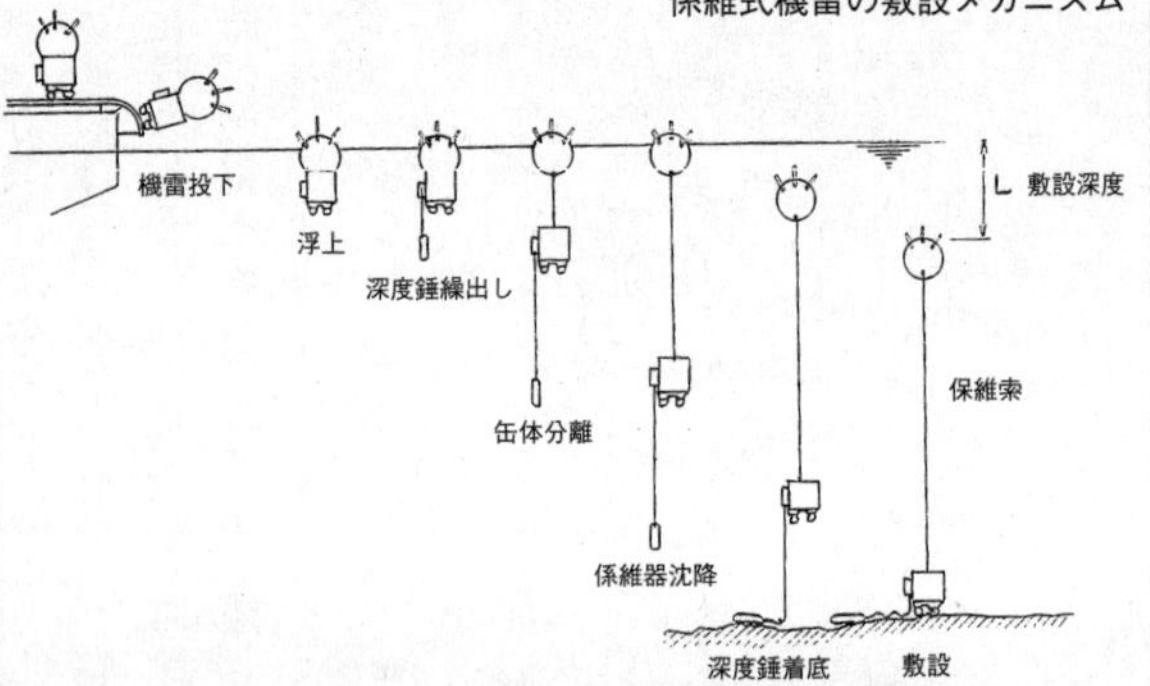

下数メートルの位置に浮かぶことになるのである。

これによって機雷本体は海面下三〜六メートルの位置の海中に浮遊することになり、「偶然に」ここを通りかかった艦船の船底が機雷本体の触角に触れると機雷は爆発するのである。九三式機雷は球体の直径は八十六センチで、その内部には百キロの炸薬が装填されており、球体の内部の空所は機雷本体に浮力を与えるための空気室となっており、そして機雷本体の重量は二百二十キロであった。

球形の本体の上半部分には長さ二十五〜三十センチの触角が四〜八本突き出しており、これが起爆装置を作動させる電気回路発生装置（破壊された時点で電気回路が機能し、起爆装置を作動させる）となっていた。

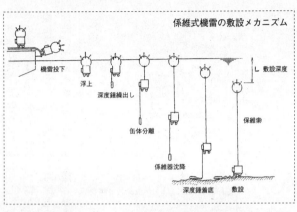

この機雷のいわゆる角《つの》（触角）には振動式、ガラス管式他幾種類の構造があるが、ここではこれらの中でも最も一般的で構造が簡単であったガラス管式の構造を図に示す。

触角の内部には電解液（電気を通しやすい液体）を充填させたガラス管が内封されている。そして触角の低部には電極が取り付けられており、ここから起爆装置までは導線で結ばれている。

敵の艦船の船底がこの触角に接触し触角が折れ曲がり破損すると、ガラス管は破壊し内部の電解液が流れだし下部の電極を覆ってしまう。この瞬間に電気回路が「開」となり電流が通じ起爆装置が作動し機雷は爆発するのである。

振動式は早くから開発されたもので、別図のように触角の内部にバネに取り付けられた振動子が内蔵されており、触角が折れたり曲がったりした場合に内部の振動子がバネの振動によって激しく振動し、側面の電極に接触し電気回路が構成され電流が流れ、起爆装置が作動するようになっているものである。

もう一つの新しい起爆方式は、角に敵艦船の船底が接触すると船体と海水が電気回路の一部となる電気回路が構成され、角の中に内蔵されたリレーが作動し、起爆装置が作動する方法である。現在の触角型機雷の多くにはこの方式が採用されている。ま

係維式機雷の触角の機能（電解式・振動式）

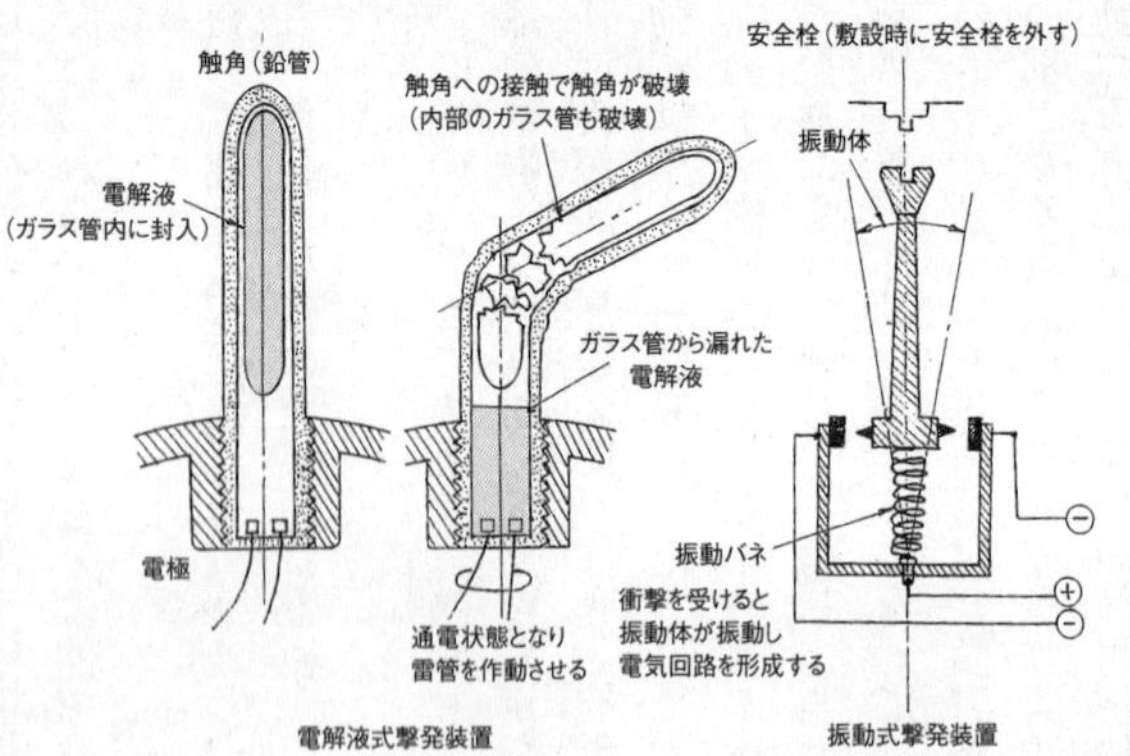

たこの方式の機雷の場合は、機雷の頂部から海面に達する長いアンテナが取り付けられ、敵艦船の船底がこのアンテナに触れると電気回路が構成され、炸薬が爆発するものも開発されている。さらにこのアンテナは機雷本体の下部にも下ろされ、機雷の上下の広い範囲の敵艦船に対しての攻撃兵器として、対潜水艦用の機雷として実用化されている。

次に沈底式機雷の構造について解説する。

沈底式機雷と係維式機雷の決定的な違いは、沈底式機雷は敵船舶との接触を待つのではなく、爆発力の効果が十分に期待できる浅海（水深数メートル～四十メートルの範囲）の海底に設置し、敵艦船との物理的接触を期待するのではなく、敵艦船の接近を磁気や音響や水圧の変化で察知し、変化の値が設定された最大に達したときに起爆装置が作動して機雷が爆発するものである。つまり敵との接触を「点」ではなく「面」で捕らえることができるという、係維式機雷に比べると格段に効率のよい水中待機兵器ということができるのである。

アメリカ海軍複合感応式機雷の断面図

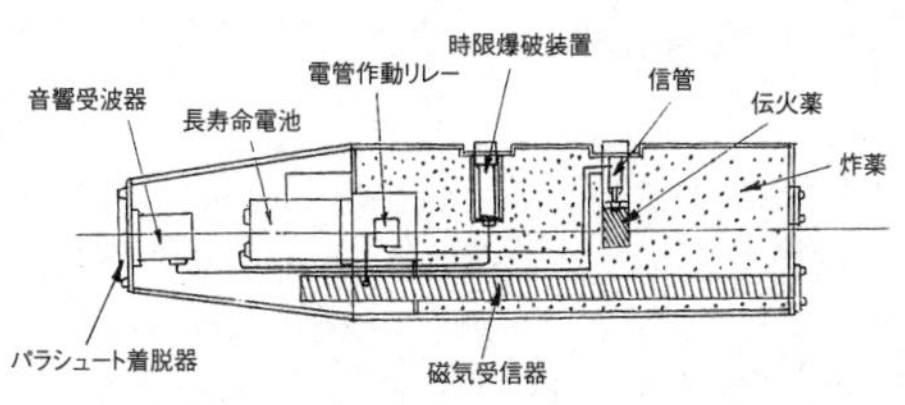

　別図に第二次大戦末期にアメリカ軍が日本の沿岸に航空機から大量に敷設した複合感応式機雷の横断面図の概略を示す。

　アメリカ軍が日本沿岸に航空機から敷設した機雷は全てが沈底式機雷で、それらを大別するとＭｋ25、Ｍｋ26、Ｍｋ36という三種類の機雷になる。その中でも代表的な機雷が図に示すＭｋ25／Ｍｏｄ2という機雷で、この機雷は磁気と水圧の変化に感応する二つのセンサーを本体内に内蔵していた。この機雷の諸元は次の通りである。

形状　：爆弾型
敷設方式　：空中投下（海面までパラシュートで投下）
全長　：二千三百ミリ

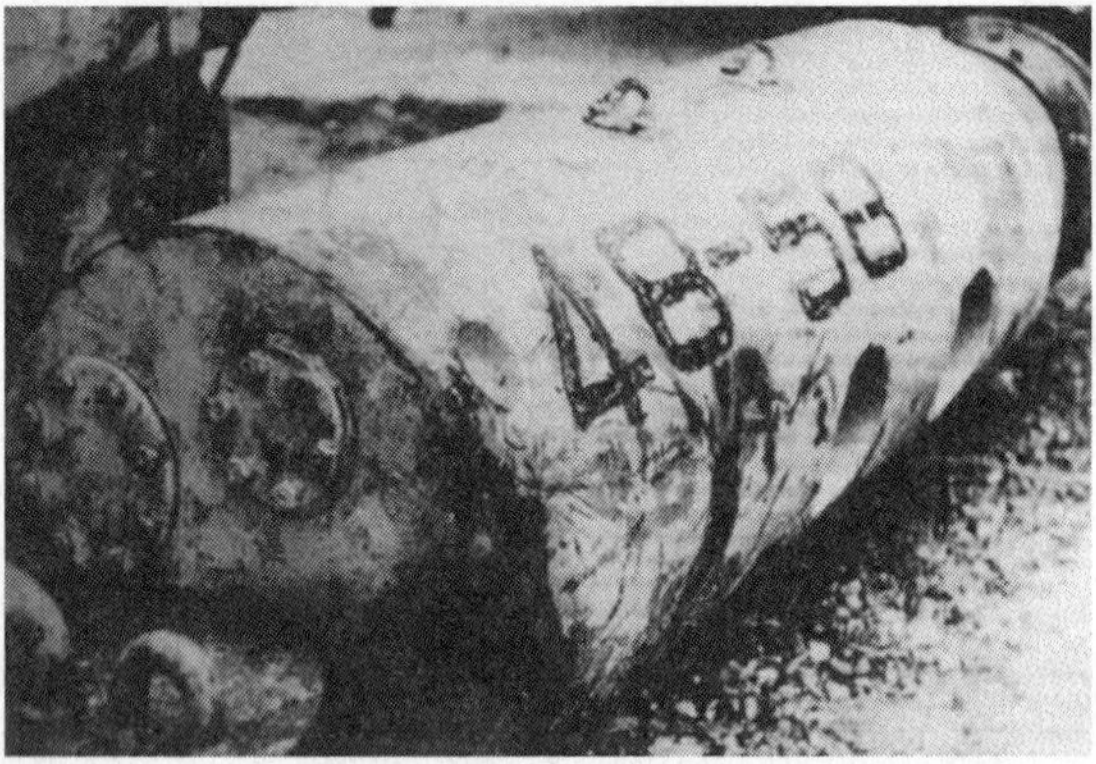

アメリカ海軍のMk25／Mod2機雷

直径　　　　　：五百八十ミリ
全重量　　　　：八百三十五キログラム（米軍呼称：二〇〇〇ポンド機雷）
炸薬量　　　　：五百十キログラム
感応方式　　　：磁気・水圧複合
最大敷設深度：四十五メートル

この機雷は航空機より高度二百～五百メートルからパラシュートで投下される。機雷本体が海面に接するとパラシュートは自動的に切り放され、本体は海底に向かって沈下し海底に横たわる。

この形式の機雷は海面や海中に浮遊する必要がないために、内部の大半は炸薬で占められるために炸薬の量が多いのが特徴。したがって爆発時の破壊力は係維式機雷に比べると格段に大きく、水深四十五メートルであっても、その上を通過する船舶に与える被害は大きなものになるのである。

本体の内部には感応装置や起爆装置、起爆装置や感応装置を作動させる長寿命の電池が内蔵されている。

沈底式機雷は機雷を中心に広い範囲（機雷の位置を中心に海面でも半径二〇〜四〇メートル）が感応範囲であるために、航行する艦船にとっては危険きわまりない機雷なのである。

実は感応式機雷には係維式機雷にはない特徴がある。その一つは感応式装置を常に作動させておく必要があるために、機雷の内部には長寿命の電池が内蔵されており、電池の寿命が尽きると機雷としての機能が自然に消滅するということである。

もう一つの特徴は、時限式の起爆装置を内蔵していることである。これは機雷が海底に着底した時点から直ちに機能を発揮するもので、着底後に数回の起爆の機会があっても（数回の感応を示しても）爆発せず、あらかじめ設定された起爆装置が作動を開始した直後から機雷としての機能を発揮する、という特徴である。

これは敵に対する一つの「目くらまし」作戦で、この海底が艦船の航行に安全だという意識を敵側に与え、不意に機雷の機能が働くという考えである。

太平洋戦争末期に日本沿岸に空中投下された機雷の全てがこの時限式起爆装置を内蔵しており、掃海作業時に機雷が感応しなくとも、その直後に至近の位置を航行した船に感応し、その船が大きな損害を被るという図式は多々見られたことであった。感応式沈底式機雷の厄介な性質を示すものである。

B29重爆撃機がこのMｋ25／Mｏｄ2機雷を敷設する場合には、一機当たり通常六～八発を搭載し、十二～三十六機の編隊で目標海域に敷設したが、同一海域には繰返しの敷設を実施した。つまり一目標海域には一回の敷設で最少七十二発、最大で二百八十八発の機雷の敷設を行なった。

機雷の敷設

アメリカ独立戦争や南北戦争当時に使われた機雷は、川の流れや湾内の潮の流れを利用しし機雷を蝟集する敵艦船に向けて偶然の接触を期待して放流する方式がとられたが、これは厳密には敷設とは言い難いものである。しかし機雷が本格的に使われた日露戦争では、機雷敷設用の艦艇を用意し計画的な敷設（敵側の多くの艦船の通行が行なわれている、あるいは予想される海域への敷設）を行なった。

この方式はその後世界の海軍の機雷作戦の基本になった方法である。この場合最も単純で基本的な敷設方法は、敵艦船が通行する確率の高い推定航路上に、艦船の航行を妨害するように直角の位置に敷設することである。敷設する機雷の間隔は狭ければ狭いほど効果が期待できるが、広大な海域に無数の機雷を敷設することは無制限な機雷の準備が必要となり、また本来は隠密にするはずの敷設作業が明々白々の下で行なうことになり、機雷敷設の意味がなくなるのである。

実際には最も間隔の狭い敷設の場合でも百～数百メートル程度であり、捕獲の確率を高めるためにさらにこの敷設位置に平行に別の間隔で敷設する方法もある。

機雷の敷設に最も適した場所は敵側港湾の出入り口、海峡、航行の頻繁な水路などである。これは敵側に対する敷設であるが味方の海域にも同じように敷設される可能性があるために、敵の機雷敷設艦艇の侵入を防ぐためにも同じく味方の弱点になる水路への防衛敷設も必要になってくるのである。もちろん味方海域での敷設後には全軍に対し味方の機雷の敷設海域を詳細に示しておかなければならない。

係維式機雷の場合は敵艦船との点接触に期待することになるが、より接触の機会を増すために様々な工夫が凝らされることになった。

その代表的な例が各個独立で係維されている機雷を互いにワイヤー等で結びつける方法である。この場合敵艦船が直接機雷に接触せずに通過しようとしても、ワイヤーが水面下の船首に絡みつき、船首に絡みついたワイヤーが二つの機雷を引きずることになり、機雷は次第に吃水線下の舷側に接近し、しまいにはどちらかの、あるいは両方の機雷が舷側に接触して爆発する、という構図を構築するのである。実はこの敷設方法で敵艦を撃沈した実例があるのだ。

日露戦争の際に旅順港内から出撃したロシア戦艦ペトロパブロフスクが、一九〇四年（明治三十七年）四月十三日に、旅順港口で艦首後方の両舷側に機雷が接触し爆沈した例がそれに相当するのである。

この機雷は連携機雷として日本海軍の特設機雷敷設艦の蛟龍丸が敷設したもので、この爆沈によってロシア東洋艦隊旅順艦隊の司令官マカロフ海軍大将も戦死するという大きなオマケまで付いたのであった。

ところが翌月の五月には今度は日本の二隻の戦艦（八島、初瀬）がロシア側が敷設した機雷に触れて沈没した。この場合はロシア側が広く敷設したいわゆる機雷原の中を両戦艦が、敷設を知らずに不用意に航行したために起きたのであった。

これより十年後に勃発した第一次大戦では、トルコを含む枢軸国側がダーダネルス海峡に大量の機雷を敷設した。連合軍側の黒海方面からの攻撃を阻止することが目的であった。

イギリス艦隊はダーダネルス海峡を強行突破して黒海沿岸に上陸拠点を構築する目的で、多数の艦船をダーダネルス海峡方面に派遣したが、肝心のイギリス艦隊がこの機雷原に捕まり、多くの犠牲を払うことになり、この作戦は失敗しているのである。

機雷敷設方法

機雷の敷設は一般的には敷設専用の艦艇で行なわれる。つまり敷設艦あるいは敷設艇である。そして機雷敷設艦艇で敷設される機雷のほとんどは係維式機雷であった。もちろん機雷の敷設には機雷敷設専用の潜水艦も準備されたが、第一次大戦では早くもドイツ海軍が機雷敷設潜水艦を建造し、地中海方面の機雷の敷設に使っていた。

機雷敷設艦艇の場合、艦尾に近い上甲板以下の甲板には機雷庫が準備され、ここには二百〜五百個の機雷が格納され、必要に応じて艦尾上甲板に運び上げ、甲板上を艦尾の舷外まで伸びる機雷投下軌条にセットし、順次設定深度の調整などを行なった後に軌条上を艦尾まで移動させ、次々と海面に投下して行くのである。投下された機雷はすでに説明したような手順で設定深度に敷設されるのである。

機雷敷設艦の特徴は、敵の海域に隠密裡に侵入し機雷を敷設する必要性があることから、艦は比較的高速（二十ノット以上）の持ち主で、敵小型艦艇との交戦を考え十

機雷敷設艦からの投下方法

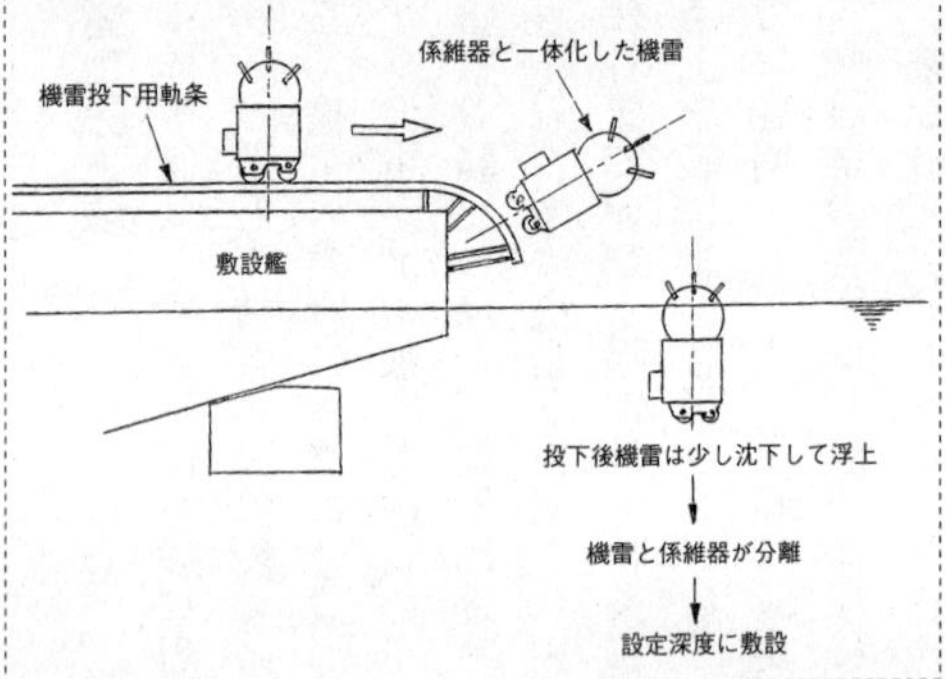

二センチあるいは十四センチの砲数門を装備していた。

日本海軍を代表する機雷敷設艦である「沖島」は、基準排水量四千四百七十トン、最高速力二十ノット、機雷搭載数五百個、十四センチ連装砲二基、八センチ単装高角砲二基を装備し、水上偵察機一機を搭載していた。

より小型の日本海軍の敷設艇の代表的なものとしては、基準排水量七百二十トン、最高速力二十ノット、機雷百二十個を搭載し八センチ高角砲一門を搭載する「平島」があった。また太平洋戦争中に商船を徴用し特設の敷設艦に改装したものが日本海軍には九隻在籍した。

これらはいずれも六千総トン級の貨物船で、その代表的なものとしては大同海運社の高栄丸がある。本船は船体後部の第四〜第六船倉を機雷庫とし、その上の中甲板は

機雷敷設艦「沖島」

機雷調整室や修理室として使われていた。大容量の機雷庫には五百～六百個の機雷が収容され、後甲板上には両舷沿いに各一条の機雷移動用の軌条が船尾まで敷かれ機雷は船尾より投下される。本船の最高速力は十六・二ノットで高速とは言いがたいが、かなりの速力の持ち主である。

これら大量の機雷の敷設ができる貨物船改装の特設敷設艦は、戦闘海域には出撃しないが、日本本土周辺や南洋方面の要地周辺等の機雷の敷設には必要不可欠な存在であった。

日本海軍の機雷敷設は、日本本土周辺や南方各地の要地あるいは敵艦船の侵入の可能性のあるあらゆる海域に重点的に行なわれた。

敷設艦は敵の支配する海域に隠密に侵入し機雷の強行敷設を行なう場合も多い。また機雷敷設用に設計された潜水艦（日本海軍には四隻存在した）は、これら敵地での強行機雷敷設を行なう場合の主力となった。

世界の機雷敷設艦の中には巡洋艦並みの砲戦力と速力を持

った、初めから強行敷設を目的とした強力な敷設艦が存在した。その代表的な艦がイギリス海軍のアブディール級敷設艦である。本艦は基準排水量二千六百五十トン、最高速力は三十九ノットと駆逐艦より高速の持ち主であった。兵装は連装十センチ砲三基を備え、機雷は百五十六個を搭載できた。

この高速艦は四隻建造され目的に違《たが》わぬ大活躍をしたのであった。フランスのブルターニュ半島西部のドイツ潜水艦基地であるブレスト港周辺への夜間強行機雷敷設や、イタリアのジェノア湾に対する夜間機雷敷設作戦などはその好例である。

機雷の敷設は潜水艦でも行なわれる。機雷敷設専用の潜水艦は艦尾に機雷を三十〜六十個収容する機雷庫が設けられており、ここより艦尾の機雷投下口に向けて機雷移動用の軌条が敷かれ、潜航中であっても機雷を投下できるようになっているのである。機雷敷設用潜水艦は敷設艦艇よりも隠密行動がとりやすく、敵地深く潜入し要所に機雷を敷設することが可能なのである。

日本海軍にも昭和初期に建造された機雷敷設専用の潜水艦（イ121級）が四隻存在し、開戦に先だって東南アジア海域の要所への機雷敷設を行なっている。

一方、アメリカ海軍も大規模ではないが日本の本土近海に対する潜水艦による機雷敷設を展開している。北海道南岸から東京湾口周辺、紀伊水道周辺、伊勢湾周辺にかけて多くの機雷敷設を行なった。さらにボルネオ島東南岸周辺、ソロモン諸島海域や仏印沿岸にも米潜水艦による機雷敷設が行なわれていた。

ここでボルネオ島東南岸周辺海域への機雷の敷設が不可解に思われようが、実はボルネオ島東南の沿岸のバリックパパンには大規模な油田地帯があり、日本にとってはスマトラ島のパレンバンとこの地を重要拠点に位置づけ、日本へ還送する石油の一大拠点にしており、したがってこの海域での油槽船の航行は活発であり、アメリカ側としては油槽船に対する機雷攻撃を意図して機雷敷設を行なったのである。

ドイツ海軍は開戦当初より潜水艦による機雷敷設を積極的に展開していた。第二次大戦勃発に際し、ドイツ海軍はイギリス本島の東岸部の要所に数千個の係維機雷を敷設し、イギリスの艦船百隻以上に撃沈または撃破の損害を与えている。

この撃沈された艦船の中には日本郵船社のロンドン航路の客船照国丸（一万一千九百総トン）が含まれており。一九三九年十一月、戦争勃発後のこの頃は日本とヨーロッパを結ぶ貨物と旅客の定期航路は維持されていた。照国丸はテームズ川河口のハリッジ沖で、ドイツ海軍が敷設したと思われる機雷に触れ沈没したのである。

ドイツ海軍はすでに第一次大戦時より潜水艦による機雷敷設を積極的に展開してい

た。第一次大戦時には地中海の大半は連合軍側の制海権下にあり、ドイツ海軍の機雷敷設艦艇が大西洋との唯一の通路であるジブラルタル海峡を突破することは至難であったために、機雷敷設潜水艦を密かにこの海峡を通過させ、地中海での機雷の敷設を行なっていたのである。

当時の潜水艦は小型であり搭載する機雷の数も限度があり、また作戦する潜水艦の絶対数も少なかったために機雷を敷設する場所も、普段から艦船の通行量の多い地点に限定されていた。また一隻の潜水艦が搭載する機雷も十～二十個の範囲であったが、これらの機雷で損害を受けた艦船は決して少なくはなかった。

機雷の敷設は第二次大戦の勃発当時には航空機からの敷設が可能になっていた。航空機から敷設される機雷は連合軍側もドイツ軍側もいずれも磁気機雷であった。

これらの機雷は爆弾型をしており、尾部にパラシュートが取り付けられ機体から投下されたと同時にパラシュートが開き、機雷が着水すると同時にパラシュートは切り放される仕掛けになっていた。

機雷を航空機から敷設する方法を最初に実行したのはイギリス空軍であった。開戦早々の一九三九年九月から十一月にかけて、イギリス空軍の双発爆撃機（ヴィッカース・ウエリントン爆撃機等）が数機ずつの編隊を組み、五百ポンド（二百二十五キロ）

客船照国丸

機雷を六〜八個程度搭載し、ドイツ海軍の拠点であるヴィルヘルムスハーフェン軍港周辺からヘリゴランド諸島にかけて、断続的な機雷敷設を行なっている。

その後航空機による機雷敷設はアメリカ重爆撃機隊の独壇場に変わっていった。目的は日本沿岸に対する機雷敷設で、マリアナ基地に集結したB29重爆撃機は、一九四五年三月末から戦争の終結時まで、二十〜四十機の編隊で断続的かつ組織的に機雷敷設を行なった。本件の詳細については後に改めて紹介する。

対日機雷敷設作戦はアメリカ軍以外にも、オーストラリアのポートダーウィンを基地とするオーストラリア空軍の重爆撃機（コンソリデーテッドB24）によって、ジャワ海に対する敷設や、インドのカルカッタを基地にするイギリス空軍の重爆撃機（コンソリデーテッドB24）による仏印沿岸やマラッカ海峡への敷設が行なわれた。

航空機による機雷敷設は最も迅速な敷設方法であり、上空からの視認ができることからより正確な敷設位置の設定が可能である。マリアナ基地のB29重爆撃機による日本沿岸に対する機雷敷設は、特定の海域への限定された区画への敷設が可能であったために、その効果は日本側に甚大な損害を与えるという結果となったのである。つまり一九四五年六月以降は西日本の各港と大陸との船舶による航行は、機雷の除去（掃海）が思うように進展せず、途絶寸前に追い込まれるという事態を引き起こしたのであった。

一方、日本海軍は日本本土とその周辺海域への機雷の敷設はどのように行なっていたのであろうか。実は日本海軍での航空機投下式の機雷の開発はアメリカやイギリスに比較すると格段に遅れていた。もちろん試験的な航空機投下式の機雷の開発は進められていたが、試験的な敷設は行なわれたものの、実用的な機雷の生産までには至らなかった。つまり日本海軍が常用した機雷は全て係維式接触型機雷だけであった。

太平洋戦争中に日本海軍は航空機投下式機雷を三種類（仮称P機雷、仮称K2機雷、仮称K3機雷）開発したが実用化には至らなかった。また珍しいことであるが、日本海軍は一九四二年九月に潜水艦発射式のドイツ製造磁気機雷を入手し（日本に寄港したドイツ商船が運んできたもの）、これを模倣して沈底式磁気機雷を試作したが、実用の段階には至らなかった。

このドイツ製の機雷は極めて強力な機雷で、直径五十三センチ、全長三・四メートル、重量一・一トン、炸薬量八百九十キロ、最大敷設深度四十メートルというものであった。磁気感応装置の国産化には多くの問題を残していたのだ。

日本海軍は太平洋戦争の開戦に先立ち、また戦争中に実に五万五千三百五十個の機雷を日本本土周辺の要所海域や台湾から朝鮮半島に至る東シナ海に敷設した。その敷設状況は別図の通りである。

つまり日本本土に接近しようとする敵艦船（当初は主として潜水艦）を待ち伏せ、攻撃しようとする計画であったのだ。つまり海に築いた機雷の垣根、機雷堰であったのだ。

係維式機雷を深海に着底させ敷設することは不可能であるために、敷設海域はほとんどが水深二百メートル以内のいわゆる大陸棚であった。

敷設された機雷の数は北海道、本州、四国の東岸沖が約一万四千九百個、九州周辺が約一万個、朝鮮半島南岸から黄海にかけて約七千六百個、南西諸島方面に約一万五千五百個、台湾周辺に約七千三百個であった。これらの海域への機雷の敷設個数は戦争の進展と共にさらに増えることになった。特に津軽海峡や対馬海峡から日本海に侵入する敵潜水艦を阻止するために、この海域にはさらに多数の機雷が敷設された。しかし結果的にはアメリカ潜水艦は機雷探知機をたくみに使い、一九四三年以降数隻のアメリカ潜水艦が日本海へ侵入し数隻の日本商船を撃沈している。

機雷の掃海

機雷の敷設の反対語に相当するのが機雷の掃海である。掃海とは文字どおり敷設された機雷を掃除し除去することである。しかし機雷の掃海は機雷の敷設以上に困難な作業なのである。

掃海の方法と掃海具

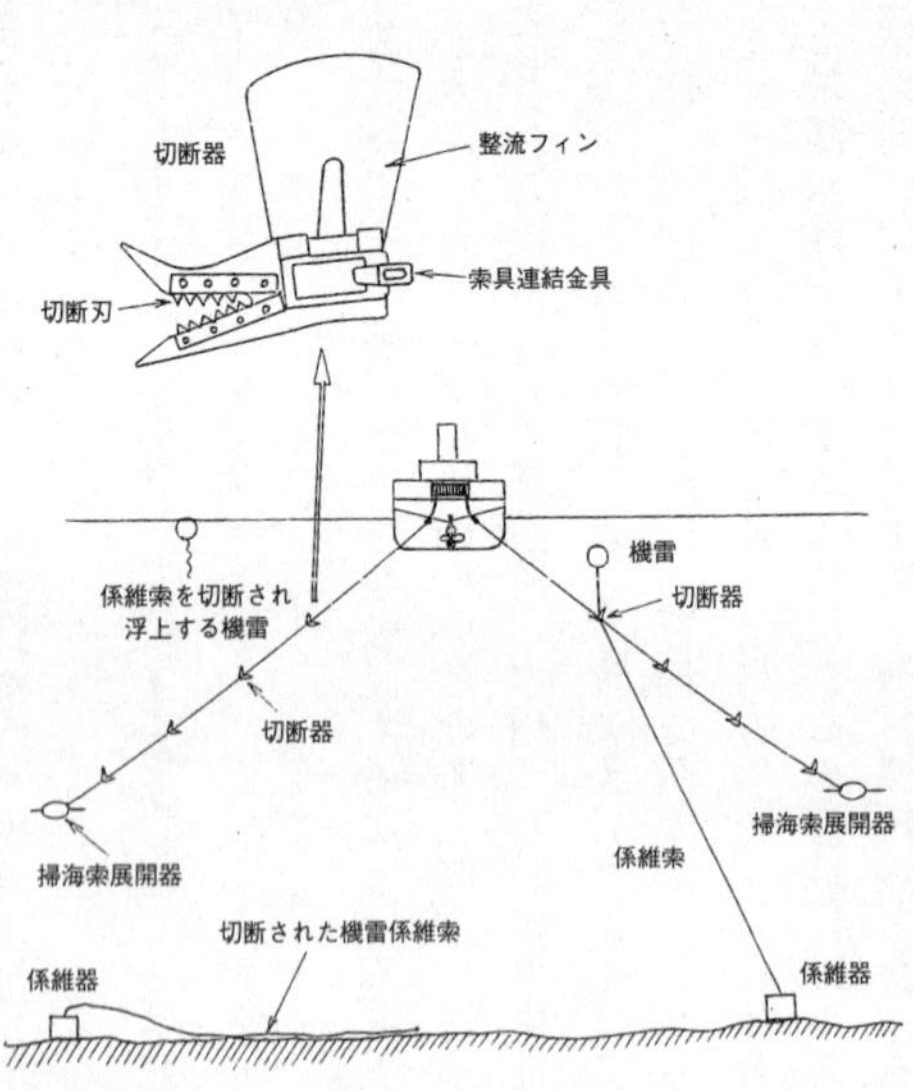

機雷の掃海には二つの基本的な除去作業がある。つまり係維式機雷と沈底式機雷に対する全く違った掃海方法である。

まず係維式機雷の掃海について説明しよう。

係維式機雷は海底に設置された係維器から伸びる係維索の先に繋げられて海面直下に浮遊しているものであるために、何らかの方法でこの係維索を切断し機雷本体を海面に浮き上がらせ、その表面に突き出した触角（角）を小銃や機関銃の射撃で破壊し、機雷を爆発させることが最も簡単な方法である。今一つの除去方法は機雷本体を係維索と係維器ごと浅海まで引っ張り、浮上した機雷を同じ方法で処分する方法である。

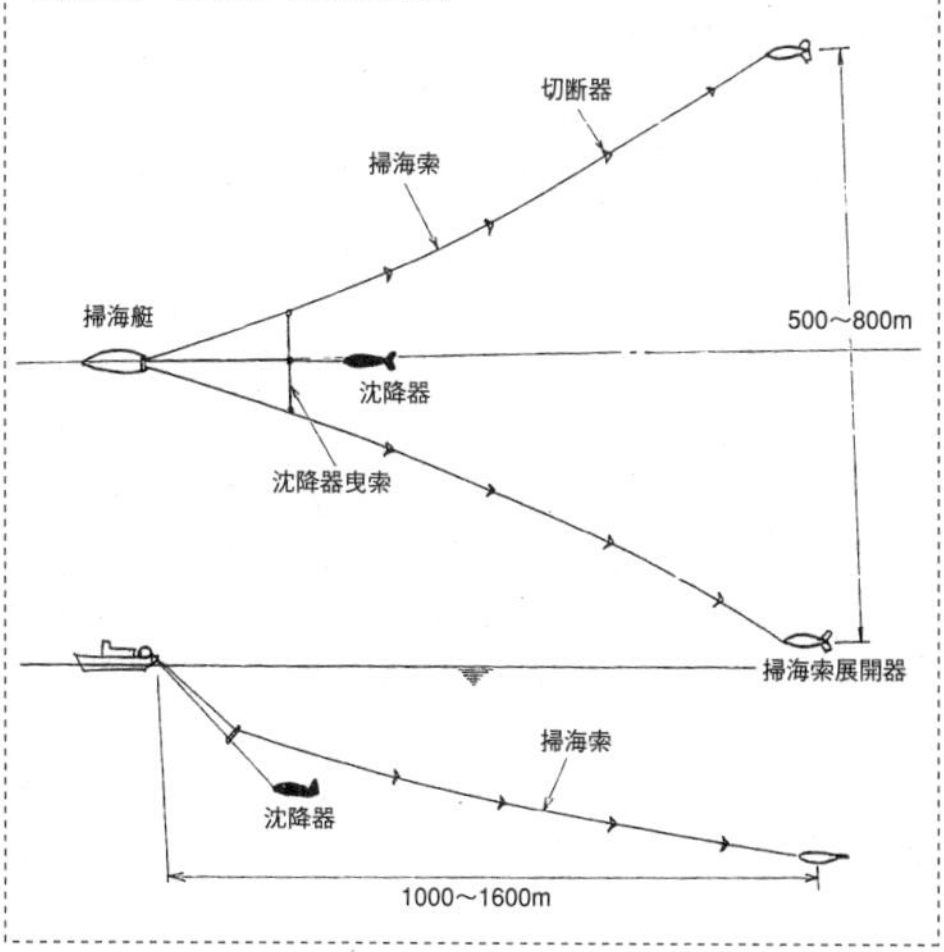

掃海艇一隻による掃海方法

　掃海は主に掃海専門の小型掃海艇（二百〜五百トン）で行なわれる。一般的には一隻または二隻の掃海艇の艇尾から途中に多数のカッターが装備された掃海索を繰り出し、掃海索に引っかかった係維索を途中に取り付けられたカッターまで導き係維索を切断し機雷を浮上させ、銃撃で処

掃海艇二隻による掃海方法

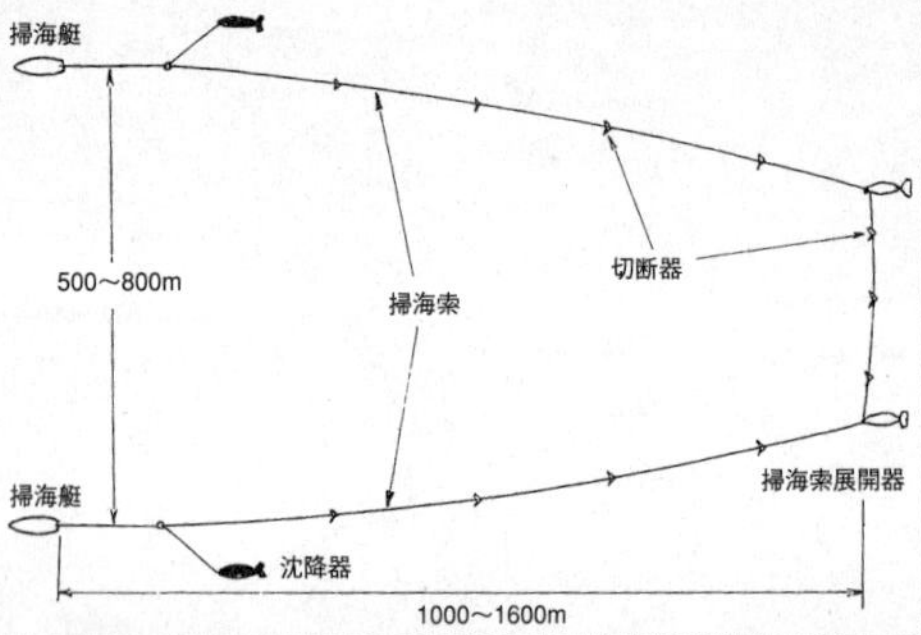

分する方法がとられている。

掃海艇から掃海索を繰り出し引っ張る方法には二つの方法がある。その一つは一隻の掃海艇で二本の掃海索を繰り出し、引っかかった係維索を切断する方法である。この場合、各掃海索の長さは千〜千六百メートルほどで、それぞれの掃海索の先端には掃海索が広がって引けるように展開器が取り付けられている。

二本の掃海索の末端（展開器）の広がりは五百〜八百メートルで、深さ三十メートルの位置で引かれるのである。

つまり有効掃海幅は五百〜八百メートルとなるのである。

掃海艇の掃海作業は実に地味な作業で、一回の掃海海域は長さ数キロ、幅五百〜八百メートルで、これを何回も繰り返し安全水路の確保にあたるのである。ちなみに掃海中の掃海艇の速力は十二〜二十ノットの範囲で航行する。

一方、二隻の掃海艇で同時に一本の掃海索を引っ張る方法がある。これは一回あたりの掃海海域の幅を広げることが目的で、二隻の掃海艇の距離は八百〜九百メートルに保たれることになっている。

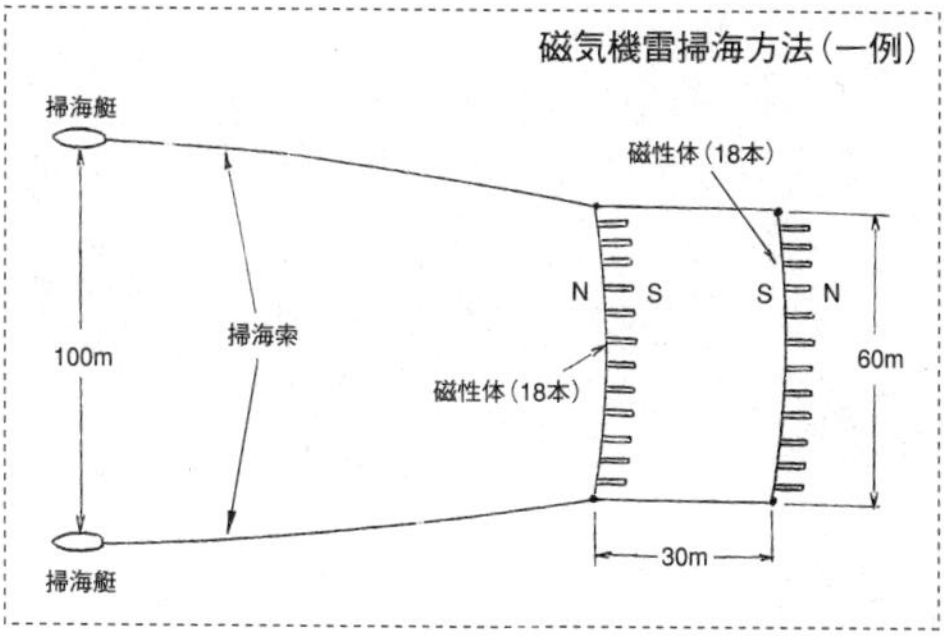

この場合の掃海索の先端までの長さは千〜千六百メートル、掃海深度は二十〜三十五メートルで、二隻の掃海艇の速力は八〜十四ノットに維持される。

次に感応式機雷(沈底式機雷)の掃海方法であるが、処理には係維式機雷より困難な作業が強いられるのが一般的である。つまり処分すべき機雷がどのような感応方式で爆発するのか不明なため、多くの工夫が必要なのである。

感応式機雷の基本型は磁気機雷であるために、磁気に反応しないように基本的に掃海艇は木製または強化プラスチック製である。第二次大戦当時はアクアラングのような簡易式潜水器具が未開発であったために、たとえ浅海であっても機雷が敷設されていると思われ

掃海艇29号（艇尾に掃海具を搭載）

る海域に潜水処理隊員が潜り、機雷を発見し処分することは容易にできることではなかった。

日本海軍に例をとると、最初に開発された磁気機雷用の掃海具は二式掃海具と呼ばれるものであった。これは掃海具に強力な電流が流れるようにした電纜を引っ張る方式のもので、電流の流される電纜には強力な磁気が発生するために、磁気機雷を容易に誘爆させることができる、という方法である。しかしこの場合、掃海艇には強力な発電機を装備する必要があり、決して容易に使いこなせる掃海具ではなかった。

一九四二年初頭、日本軍は香港やシンガポールでイギリスの掃海艇何隻かを捕獲した。これら掃海艇には最新型の磁気機雷用の掃海具が装備されていたために、日本海軍は直ちにこの機雷を手本にして三式掃海具をコピー試作した。

この掃海具はこれは二隻の掃海艇が掃海索を引く方式で、掃海索の末端には多数の磁性体が取り付けられており、これによって海中に磁場の変化を生じさせ、沈底式の磁気機雷を爆発させようとするものであった。

続いて一九四五年五月に新しい磁気機雷用の掃海具が開発され試験が行なわれた。この掃海具を使うには三隻の掃海艇が必要であった。二隻が掃海電纜を引き一隻が電纜用の電源船であった。

掃海用の電纜は海底から十～十五メートルの位置で引っ張られ、電纜には四十アンペアの高電流を流し、電纜の周辺に強力な磁場を作り出すのである。

この掃海具は磁気機雷には極めて有効なもので、ある程度の活躍をしたが、大量に投下された音響感応式や水圧感応式機雷には全く効果を示すものではなかった。

特に磁気・水圧併用式の機雷や磁気・音響併用式の機雷は、それぞれの変動を同時に与えないと反応を示さないために、戦争末期に日本沿岸に投下された機雷の掃海は困難を極め、全投下量の半数以上は終戦までに未掃海のままで残されたのである。

日本海軍の掃海部隊がこれら複合式の感応機雷を掃海するために考えた最も効果的な方法は、漁業で使われる底引き網漁法の応用であった。

掃海艇を二百メートルの間隔で二隻並行して走らせ掃海索を引くが、その末端には幅二百メートルの網を取り付け、海底に敷設された機雷を捕獲して至近の海岸まで移動させ、そこで水中処理班が爆破処理する単純な方法である。

現在では海底に付設された感応式機雷の位置を正確に測定できる装置が開発されており、正確な位置が決定するとテレビを内蔵しさらに機雷爆破処理用の爆薬を装備した小型ロボット潜水艇を送り込み、発見した機雷を爆破させる無人掃海具も開発されている。

一方、アクアラングの開発は水中爆破処理を容易にしている。機雷の敷設深度がアクアラングの行動範囲以内でもあるために、機雷の敷設位置が正確に確認されると水中爆破処理班が出動し、機雷を爆破処理する方法も多用されている。

ここで機雷処理の主力となる掃海艇について多少の説明を加えたい。第二次大戦中の掃海艇は磁気機雷対策として一般的に二百五十〜四百五十トン程度の木造艇であった。しかし一九六〇年代頃からより船体強度に勝る強化プラスチック製の船体に置き換わっている。

掃海艇の船尾甲板には各種掃海用具が搭載され、掃海索の巻き上げ機や牽引機械が装備されている。また現代の掃海艇の船底には機雷探知器が装備されており、船内にはこれを操作する機雷探知室が準備されている。

掃海艇は高速力を必要としないために、最高速力も十四〜十六ノット程度で機関もディーゼル機関である。また敵前の海域での作業は原則上行なわないために、武装は浮上した機雷の処分用に装備された二十ミリまたは十三ミリ機関砲一門程度である。

　掃海作業は海軍内でも最も根気と忍耐を要し、また最も陽の当たらない任務であるだけに、掃海艇の乗組員の忍耐強さは賞賛に値するものである。

機雷作戦の実際

その1　機雷作戦前史

　敵の艦船を砲撃以外の方法で攻撃する手段は過去の海戦でも登場している。最も効果的な手段として使われたのが焼き討ち戦法であった。敵艦船の蝟集する泊地に風上から燃え上がる船を送り込み、敵艦船に衝突させて火災を広めようとする戦法である。代表的な例としては十六世紀のアルマダの海戦で、イギリス艦隊がフランスの泊地に蝟集していたスペイン艦隊に数隻の焼き討ち船を送り込み、艦隊を大混乱に陥れた例がある。

　この戦法はたしかに敵に恐怖心を起こさせるには十分な戦法であるが、もし泊地の水中に火薬を仕掛け爆破させ敵艦船に損害を与えたとなれば、敵側に与える心理的効果は極めて大きなものとなるはずである。

　アメリカ独立戦争の際に、アメリカ側が技術者ブッシュネルによって考案された機雷の元祖ともいえる水中兵器で、イギリスの小型の木造帆船を爆破撃沈したことは、イギリス側にとっては大恐慌になったはずである。本来武装のない商船が大爆発を起こすのであるから、なぜ爆発が起きたのか考えるだけでも恐怖心をいだかせるものである。

このブッシュネルの原始機雷の構造などについて、また作戦の経過などについては部分的なこと以外には全く不明の部分が多い。この時使われた機雷のおおよその姿のデッサンは残されているが、火薬に対する水密性がどのように行なわれたのか、また起爆装置がどのようなものであったのか詳細はわかっていない。ただ起爆装置には当時武器として一般的に使われていたフリントロック式（火打ち石を応用し打撃で発火させる方法）の引き金に、何らかの工夫を凝らしたものが起爆装置として作動したものと考えられているのである。

いずれにしても船が地雷を踏みつけるような状況におかれることは、敵側にとっては無気味意外の何物でもなく、一層の恐怖心を煽ることに間違いはないのである。

南北戦争の時に南軍が盛んに使った機雷は北軍に大きな恐怖心を与え、それに相当する戦果も得られたのである。この時使用された機雷の構造についても詳細は不明であるが、起爆装置には電気回路が応用されていたとされている。

当時はすでに通信手段としての電気の応用も一般的に使われていた時代であり、また銃器の発明家であるコルトの発案による雷管撃発式の起爆装置も発明されていたために、これらの機雷には雷管式の起爆装置が使われていたことも十分に考えられるのである。

一方、同じ頃に勃発したクリミア戦争でロシアが実戦に配置した機雷の起爆装置は化学的雷管とされている。

これらの機雷の実戦での使用がその後の機雷の急速な発達を促したことになるが、世界で最初に大規模な機雷戦が展開されたのは日露戦争の時であった。この頃の機雷の構造はその後の係維式機雷と大きく変わるところがない構造に成長していたのである。そして機雷戦法も単に機雷をばら蒔く方法ではなく、敵の艦船を撃滅しやすい敷設方法を考案しているのである。

ウラジオストックに拠点をもつ強力なロシア東洋艦隊は、開戦と同時にその主力を行動がしやすい黄海に飛び出した遼東半島の旅順湾に移動させた。日本海軍は旅順湾に集結したロシア艦隊の主力の行動を阻止するために、狭い旅順湾の出入り口を封鎖するように機雷を敷設した。

敷設した機雷は実用化されて間もない純日本製の係維式機雷で、商船を改装した特設の機雷敷設艦蛟龍丸に機雷四十個を搭載し、さらに二つの駆逐艦隊が二十個の機雷を搭載し夜間に所定の海域への機雷敷設を行なった。

一方のロシア側も日本艦隊の旅順湾への侵入を阻止するために、湾口付近の海域に機雷を敷設した（この時敷設された機雷の形式や敷設個数については不明）。

日本側は機雷の敷設効果を増すために複数の機雷同士を係維索で結びつける戦法を採用した。これは敵艦船が直接機雷に接触しなくとも、機雷同士を結ぶ係維索を敵艦船が船首で引っかければ、機雷は引き摺られて船体に衝突し、機雷が爆発するようにしたものである。

特に当時の大型艦は水面下の船首がラム（触角）構造となっており、前方に突き出した構造になっているために、一度船首が機雷を結ぶ係維索を引っかければ係維索が切断されない限り外れることはなく、機雷は自然に水面下の舷側に吸い寄せられてしまうのである。

日本側の敷設した機雷によりロシア側は戦艦ペトロパブロフスクとセバストポーリが撃沈され、さらに巡洋艦と駆逐艦合計四隻を撃沈することになった。この時戦艦ペトロパブロフスクは艦の両舷に爆発が起きたために、明らかに二連式に敷設した機雷に接触したことを証明することになったのである。

しかし一方の日本側は旅順湾口付近での積極的な艦隊行動があだとなり、ロシア側が敷設した機雷に触れ、日本の主力戦艦であった「八島」と「初瀬」そして巡洋艦と駆逐艦九隻を失うことになった。

日露戦争の機雷作戦はその後の各国海軍の機雷戦術に拍車をかけたことは有名な事実となったのである。

その2　第一次大戦と機雷作戦

日露戦争終結九年後に勃発した第一次大戦では、その後の三大水雷兵器となる機雷、魚雷、爆雷の全てが実用化されたのである。

この戦争では連合軍側は合計十二万九千個の機雷を対ドイツ艦船用に敷設し、一方のドイツ側は四万三千個の機雷を敷設した。

第二次大戦では連合軍側が三十一万個の機雷を敷設し、日本を含む枢軸軍側は二十四万個の機雷を敷設している。この差は第一次大戦と違い主戦場の一つが太平洋にも広がったことにより、必然的に敷設機雷の個数が増加したことを意味するのである。

第一次大戦当時の機雷の敷設は、連合軍側はほとんどを機雷敷設艦から敷設されたのに対し、ドイツ側は地中海やイギリス沿岸方面の敷設に機雷敷設用の潜水艦を建造し敷設したという特徴がある。つまりドイツ側は水上艦艇である機雷敷設艦の行動に制限のある海域の敷設に、隠密に機雷の敷設が可能な潜水艦を早くから開発し使用したのである。この実績は第二次大戦時にも受け継がれ、第二次大戦中にドイツで建造された潜水艦の大部分が、少数（二十〜六十個）ではあるが機雷を搭載し、敷設が可能な潜水艦として完成していたのである。つまり作戦行動中に随時機雷の敷設が可能であったのだ。

連合軍側が機雷の敷設を対象とした海域は、潜水艦を含むドイツ艦船の行動が最も頻繁になると予想される海域で、大西洋に面したドイツ海軍の拠点であるヴィルヘルムスハーフェンを囲む海域、バルト海から大西洋への出入り口になるスカゲラーク海峡やカテガット海峡が敷設重点対象であった。

戦争勃発から二年目の一九一五年からドイツ潜水艦の跳梁が急激に活発となった。このドイツ潜水艦対策の一つとしてイギリス海軍は防潜対策としてイギリス本島の船舶の出入りが多い海域への機雷敷設を重点的に行なうようになった。

また枢軸国側に属するオーストリア・ハンガリー帝国の領海であるアドリア海への敷設も積極的に行なった。また同じく枢軸国側のオスマントルコ（現在のトルコ）沿岸への機雷敷設も行なわれた。これに対しオスマントルコ側は連合軍の艦船の黒海侵

イギリス客船ブリタニック号

入を防ぐために、ダーダネルス海峡への大量の機雷敷設を行なっている。このダーダネルス海峡への大量の機雷敷設は後にイギリス艦隊のダーダネルス強行突破作戦を完全に阻止することになった。

一方のドイツ海軍はイギリス海軍本国艦隊の拠点である、イギリス本島北端に近いオークニー諸島のスカパフロー軍港周辺海域や、イギリス本島東岸側のイギリス海軍主要基地のあるローサイスやエジンバラ周辺の海域に対する機雷の敷設を展開した。

また地中海東部で展開されているイギリス軍を主力とするガリポリ半島への上陸作戦を阻止するために、連合軍輸送船団攻撃用にギリシャ周辺の島嶼間の海峡に、潜水艦による機雷敷設が盛んに行なわれた。

これらの両陣営の機雷敷設作戦は、以後の作戦に支障を来すほど大きな打撃を与えることはなかったが、連合軍側は哨戒艇や護衛艦艇あるいは輸送船に無視できない損害が生じた。

一方、ドイツ海軍側には際立った損害は少なかった。ドイツ側は大西洋方面で広範囲な水上艦艇の行動が少なかったこと、ドイツ商船の活動が絶対的に少なかったことが上げられる。また使用された機雷の全てが係維式機雷であり、磁気機雷などはまだ開発されておらず、敵側に損害を与えあるいは味方側が損害を受ける機会が絶対的に少なかったことが原因として考えられる。

第一次大戦中の船種別の機雷による損害について正確な数字が残されているものに客船がある。連合国側の客船の多くは軍隊輸送や病院船として徴用された。これらの中で特に特徴的であったのは、イギリス本国やフランスあるいはイタリアと地中海東部の戦線（ガリポリ作戦）を結ぶ軍隊輸送船や病院船に顕著な機雷による被害が出ていることである。

その代表的な例を次に示す。

一九一六年二月	イギリス客船マローヤ号	一万二千四百三十一総トン	輸送船
一九一六年十一月	イギリス客船アローニア号	一万三千四百五総トン	輸送船
一九一六年十一月	イギリス客船ブリタニック号	四万八千百五十八総トン	病院船
一九一六年十一月	イギリス客船ガレク号	六千七百二十二総トン	輸送船
一九一七年一月	イギリス客船ローレンチック号	一万四千八百九十二総トン	輸送船

一九一七年四月　イギリス客船サルタ号　七千二百八十四総トン　病院船

その3　第二次大戦と機雷作戦

一九三七年（昭和十二年）七月に日中戦争が勃発すると一九四五年八月までの間に、中華民国軍は揚子江中流域より断続的に約五千個の機雷を揚子江に流した。河の流れを利用した日本側に対する浮遊機雷作戦である。当時の揚子江には日本の海運会社数社が上海から中流域の都市の間に定期航路を敷いており、貨物や中国人を含めた旅客の輸送を行なっていた。また揚子江河口の上海は日本ばかりでなく欧米の多くの海運会社の定期航路の終点としており、上海から河口沖にかけては多くの船が行き交っていた。また戦争の勃発により日本軍を輸送する大小の輸送船が揚子江流域を行き交っていた。

この状況の中で揚子江に機雷を放流することは、交戦国でない国籍の不特定多数の船舶への触雷被害が出ることも当然考えられた。ただこの機雷放流が顕著になったのは一九四一年十二月以降で、この頃には揚子江を航行する大小の船舶は日本海軍の砲艦も含め、日本国籍の船ばかりで、中国の船は小型のジャンクや河舟だけであった。

これら放流された機雷のほとんどは緩やかな揚子江の流れに従って、あるものは河岸に漂着した状態で放置されたものもあったであろうが、ほとんどは河口まで流され、あるいは河口沖の海へ流されたものと考えられた。

日本は日中戦争勃発のはるか以前より、日清汽船社、東亜海運社、大連汽船社等の各社が上海を起点に、上流の都市南京、安慶、九江、武漢等まで多くの貨物船や客船の定期航路を開いていた。そして上海と最遠の武漢までの距離は千キロもあった。

機雷は武漢付近より上流の地域から放流されたと想定されているが、これらの機雷の製造元や機雷の様式・構造などについては一切不明である。

揚子江流域には無数の中国の小型船が航行しているが、機雷の放流を行なった組織はこれらの触雷は全く無視し、日本の艦船の撃沈破のみを目的に放流したものと思われた。

日本側のこれら浮遊機雷による艦船の損害は一九四四年中頃より散発的に発生しているが、記録されているだけでも、日本海軍の正規砲艦一隻、中型貨客船四隻に達している。

その状況は次の通りである。

砲艦　須磨　日本海軍　六百四十五排水トン　一九四五年三月　下流域安慶

貨客船　天津丸　大連汽船　二千三百十七総トン　一九四四年九月　下流域上海

貨客船　斎南丸　東亜汽船　三千二百総トン　一九四四年九月　下流域上海
貨客船　信陽丸　日清汽船　千六百七十五総トン　一九四五年一月　下流域大冶
貨客船　興運丸　東亜汽船　三千四百十四総トン　一九四五年四月　下流域鎮江

この他にも触雷で沈没あるいは大破したであろう中国の河船は相当数あると想定されているが、その実体は全く不明である。

これら流出した浮遊機雷の掃海の任務には、日本海軍の遣支艦隊の砲艦や上陸用舟艇が当たったが、係維索を持たない浮遊状態の機雷の捕獲は、一般的な掃海具が使用できず、目視発見を待たねばならず、極めて困難な作業であった。

その4　第二次大戦のドイツ軍の機雷敷設作戦

ドイツ海軍は第二次大戦の勃発直後に、ドーバー海峡のイギリス側の沿岸沿いの主要港湾（テームズ河河口周辺、クロマーティ周辺、ハンバー河河口周辺、ニューカッスル周辺からイギリス本島の西側のアイリッシュ海沿岸周辺、そしてイギリス本島の南側のワイト島周辺やプリマス沖）に多数の機雷を敷設した。敷設したのは潜水艦と駆逐艦で、アイリッシュ海やイギリス本島東岸周辺の敷設は潜水艦が行ない、その他は駆逐艦が夜間に潜入し密かに敷設を行なったのである。

敷設の回数は一九三九年十月から一九四〇年二月までの間で、この間はイギリスとドイツの直接対決の戦闘はほとんどなく、いわゆる「まやかし戦争」の期間でイギリス側も緊張に欠けていた期間であった。

ドイツ海軍の機雷敷設は大半が潜水艦で行なわれた。ドイツ海軍では第二次大戦期間中に機雷敷設潜水艦はわずかに八隻が建造されただけで、水上基準排水量千七百六十二トンの比較的大型の潜水艦であった。搭載機雷数は最大六十六個で、完成したのは一九四一年であった。つまり戦争勃発当時の機雷敷設には参加していないのだ。

実はドイツ潜水艦の特徴の一つに建造した潜水艦の八十パーセント以上が機雷搭載が可能で、機雷敷設が可能であったことである。

ドイツ海軍は第二次大戦中に合計千二十隻の潜水艦を建造したが、その中の約八百隻には十二〜二十九個の機雷を搭載することができ、様々な海域での随時の機雷敷設が行なわれていた。

第二次大戦劈頭に機雷敷設を行なったドイツ潜水艦は、実働可能な二十二隻の潜水艦で行なわれ、これらの多くは最大二十九個の機雷が搭載できたのだ。また特筆に値することは、ドイツ海軍は開戦劈頭には磁気機雷が開発ずみで、イギリス東岸沖に敷設された機雷のほとんどは磁気機雷であり、その対処方法が確立するまでイギリスは多くの艦船がこの磁気機雷の被害を受けたのである。ちなみに開戦劈頭にテームズ河河口で沈没した日本の大型客船照国丸も、この磁気機雷の犠牲になった一隻であったのである。

開戦時の一九三九年九月から一九四〇年五月までの九ヵ月間に受けたイギリス商船のドイツ磁気機雷による損害は甚大で、中立国の商船（照国丸も含まれる）も含め合計百二十八隻（約四十二万九千九百総トン）がその犠牲になった。

ドイツ海軍が開発した磁気機雷は魚雷の直径と同じ砲弾型の機雷で、魚雷発射管からの発射が可能で敷設は潜行のまま比較的簡単に行なわれていたのだ。

ちなみに前述の日本が戦時中にドイツから入手し、これを模造して試作した仮称三式機雷の本体こそ、まさに開戦劈頭にドイツ海軍が大量に敷設した磁気機雷そのものであった。

ドイツ海軍が第二次大戦中に敷設した機雷の総数は約十二万個とされているが、その中の約二万個が磁気・音響複合感応型機雷であった。

その5　日本海軍の機雷敷設作戦

一口で述べるならば日本海軍の機雷敷設作戦は消極的であった。また磁気機雷の実

日本海軍が敷設した機雷堰の機雷数
（全て係維式機雷）

海　域	敷設数
北海道・本州・四国	14927
九州沿岸	10012
朝鮮半島南岸・黄海	7640
東シナ海・南西諸島	15474
台湾周辺	7294
合　計	55347

用化もままならず、使用した機雷の全てが旧態依然の係維型機雷であったことからも、日本海軍の機雷開発と機雷作戦は連合軍側やドイツ海軍に比較し格段に遅れていたと言わざるを得ない。また一方の見方では日本海軍は機雷戦を軽視していたとも言えるのである。

日本海軍は前記の通り日本本土周辺の海域への散発的な機雷敷設を行なったが、連合軍の日本本土や満州、朝鮮方面への攻勢が強まると、これを阻止するための機雷敷設が進められたが、全てが後手であった。

日本海軍は太平洋戦争開戦時に合計二万九千二百五十個の機雷を準備しており、その後戦争中に四万六千十四個の機雷を生産した。しかしこの合計七万五千三百個の全てが係維式接触型機雷で、実用的な磁気感応式や音響感応式機雷あるいは水圧感応式機雷は、ついに完成することがなかった。

完璧なレーダー、完璧なソナー、前投射式爆雷等がついに完成に至らなかったと同じく、日本の戦争アイテムに対する科学技術・応用技術の遅れは欧米やドイツと比較することもできず、航空機投下式の実用的機雷すら実用化に足踏みしていたのであった。

日本海軍は太平洋戦争の開戦を前にして、日本本土周辺への敵艦船の侵入を阻止するために、断続的な機雷堰を構築した。しかしその後日本沿岸でのアメリカ潜水艦による日本商船の被害が増すと、特に北海道から本州の東岸沖にそって沿岸航路の側面を防御する、断続的な機雷堰を新たに築き、また津軽海峡や東京湾、紀伊水道、豊後水道、対馬海峡への敵潜水艦の侵入を防ぐための新しい機雷堰の構築を図った。

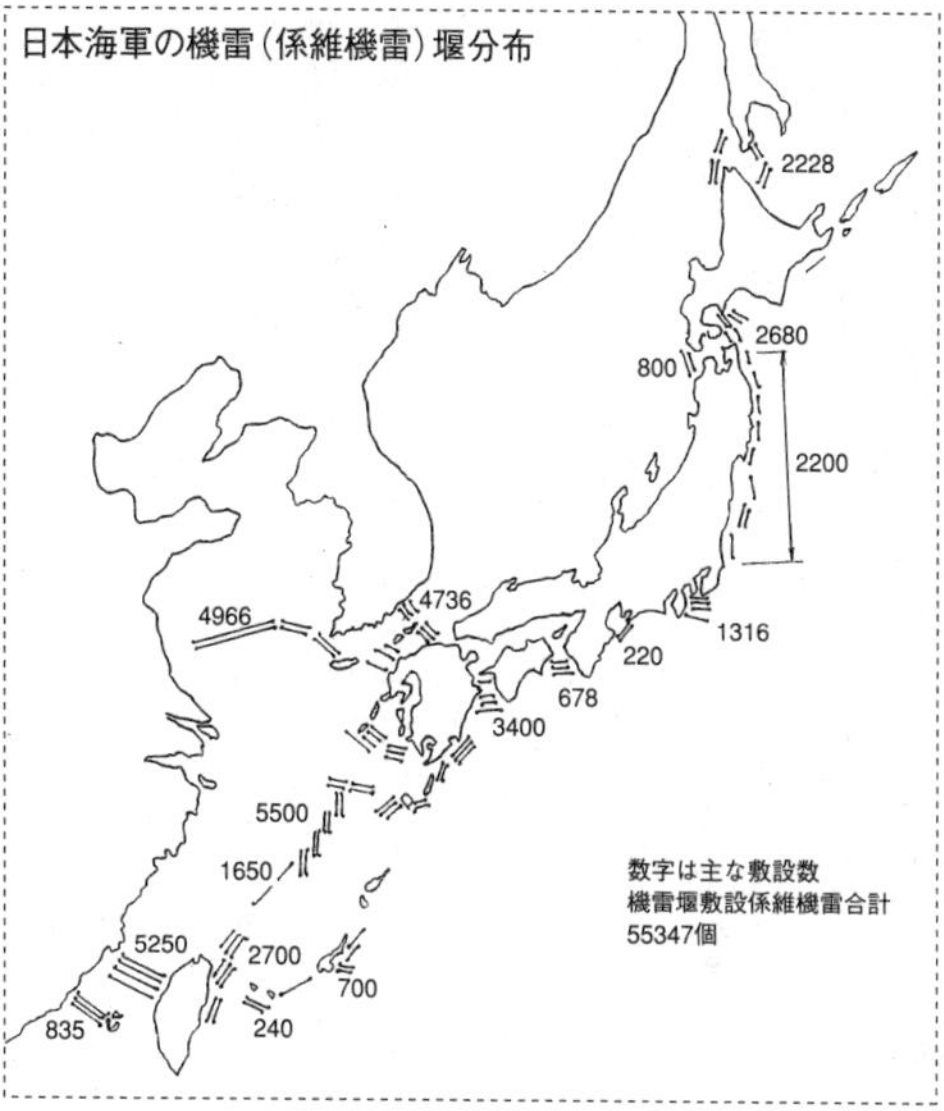

さらに戦況の緊迫化に伴い、台湾海峡や東シナ海、黄海への敵潜水艦の侵入を防ぐために、大規模な機雷堰の構築を図ろうとした。しかし結果的にはこれ

らの機雷が敵潜水艦の潜入を防ぐものにはなりえなかったのである。敵潜水艦はソナー方式の機雷探知装置を備え、これら機雷をかいくぐり日本沿岸や日本海へ容易に侵入したのであった。

具体的なこれら海域への機雷の敷設量は、津軽海峡の東西出入口には合計九百個、対馬海峡の機雷堰として合計四千三百七十六個、黄海方面の機雷堰に合計五千九百九十個、東シナ海東側の機雷堰に合計七千六百五十個、それ以外に沖縄本島と宮古島にかけての海域の機雷堰として合計千六百五十個を敷設した。

第二次大戦勃発直後からイギリス海軍がドーバー海峡に設けた機雷堰の機雷密度は、数にして日本が設けた機雷堰の機雷敷設個数の十〜二十五倍であったとされている。この違いは日本の防備する海域が格段に広いというハンディーはあるものの、日本海軍の機雷堰に対する考え方が希薄であったことも一因といえよう。

別図に日本周辺に設けられた最終的機雷堰分布図を示すが、敷設された機雷（全て係維式機雷）の総数は五万五千三百四十七個とされている。

後述するがアメリカは日本の海運の息の根を止めるために、瀬戸内海、関門海峡まで山陰沿岸や北陸沿岸の主要港湾、朝鮮半島東部・東北部の主要港湾を中心に、航空機投下式の感応式機雷を約一万七百個敷設した。その敷設密度は日本海軍が日本周辺に構築した機雷堰に比べると、全く雲泥の差を示すほど濃密な敷設になっていたのである。

日本海軍は太平洋戦争開戦当時、正規の大型敷設艦二隻、中型敷設艦七隻、敷設艇十三隻、また敷設潜水艦四隻を保有していた。そして開戦後に中型敷設艦一隻と敷設艇八隻が建造されたが、増加する機雷敷設の要求に答えるために中・大型貨物船を徴用し、特設の敷設艦として就役させた。

しかし戦局の緊迫化は輸送船団の護衛の強化を優先し、二十一隻の敷設艇は護衛艦艇の任務を負わされることになった。また輸送船の不足は特設敷設艦を再び輸送船に戻すことにもつながり、このために戦争後半から末期にかけての日本海軍の機雷敷設能力は絶対的に低下することになり、敷設の主力は徴用漁船を改装した特設敷設艇であった。

ここで日本海軍が実施した主な対敵地機雷敷設作戦を列記すると次のようなものがある。実施時期は開戦直前と直後であった。

一九四一年十二月一日　マニラ湾口周辺への敷設潜水艦（イ121級）二隻による係維機雷四十九個の敷設

一九四一年十二月一日　シンガポール海峡への敷設潜水艦（イ121級）二隻による

一九四一年十二月十日　係維機雷八十四個の敷設
フィリピン・サンベルナルジノ海峡とスリガオ海峡に対する係維機雷四百三十三個の敷設
シンガポール北方アナンバス諸島周辺への係維機雷五百三十九個の敷設
一九四一年十二月十五日　ジャワ島スラバヤ港外への敷設潜水艦による係維機雷三十七個の敷設
一九四二年一月十日　オーストラリア・ポートダーウィン港及びトレス海峡への敷設潜水艦四隻による係維機雷合計百二十個の敷設

日本海軍の機雷敷設用潜水艦は一九二七年から二八年に建造されたイ121級潜水艦（水上基準排水量千百四十二トン、機雷搭載量四十二個）四隻だけで、開戦時点にはある程度老朽化が進んでいたが、隠密機雷敷設作戦にはこの潜水艦以外には行動できず、またその後機雷敷設潜水艦を建造する計画もなかった。それどころかこれら四隻の機雷敷設潜水艦も途中から攻撃型潜水艦に改造されている。

全般的に日本海軍の機雷敷設作戦は防御中心の傾向にあり、積極的に敵地に潜り込んで機雷を敷設するという考えには消極的であったと言わざるをえない。

これと対照的であったのがドイツ海軍の機雷作戦に対する姿勢であった。ドイツ海軍は大戦中に合計千二十隻の各種潜水艦を建造したが、その中の八百八十七隻は機雷を搭載する能力を持っていた。これとは別に機雷敷設専用の潜水艦が八隻建造されており、この潜水艦は係維式機雷であれば六十六個の搭載が可能であった。

合計七百九隻も建造されたTYPE7型潜水艦は係維式機雷であれば二十九個の搭載が可能であった。また他のタイプの潜水艦もそれぞれ十二～十九個の機雷の搭載が可能で、作戦行動中に随時機雷の敷設をすることが可能であり、それは敵地奥深くの敷設も可能であったことを意味しているのである。

その6　日本を飢餓に追い込んだ機雷敷設作戦（Operation Stavation）

機雷が有効な水中兵器であることが確認されて以来、機雷はさまざまに使われてきたが、機雷が最も大規模にしかも最も有効かつ即効的に効果を上げた作戦は、一九四五年三月からアメリカ軍が繰り広げた、西日本から朝鮮半島にかけての海域を中心に実施した航空機による集中的な機雷敷設作戦であろう。

アメリカは日本商船隊（輸送船隊）に対する徹底的な潜水艦攻撃によって、一九四五年二月までに南方と日本を結ぶシーレーンをほとんど壊滅状態に追い込んだ。

当時の日本に残されていた唯一の外地物資・資源の補給地は満州であった。満州からは石炭、鉄鉱石、各種食料（大豆、トウモロコシ、コウリャン、小麦、その他雑穀）を大量に運び込んでいた。特に戦争後半においては日本国内の男子農業人口の絶対的な不足から米麦を中心にした主食料の生産は激減し、その不足分は大陸で生産される大豆や雑穀に頼る以外になかったのである。これらは北朝鮮の羅津や清津の二つの港から船で積み出され、日本海沿岸の舞鶴、敦賀、新潟等の港に運ばれていた。黄海に面した満州最大の港である大連港と西日本を結ぶ航路は、すでに敵潜水艦による攻撃の機会が極めて大きく、また五月以降は沖縄本島に早くも基地を設けたアメリカ海軍の長距離哨戒爆撃機の攻撃圏内に入り、この航路は実質上使用不能の状態に陥っていた。つまり満州と日本を結ぶ海の安全な動脈は、一九四五年四月頃からは日本海航路と、輸送量に制限はあるが関釜連絡船航路しか残されていなかったのだ。

アメリカはこの残された二つの動脈を壊滅し、完全に日本を飢餓の中に追い込む作戦を実行したのであった。実行される作戦は日本（特に西日本）と朝鮮半島を結ぶ全ての船舶の航行を阻止するための集中的な機雷敷設作戦であった。

実行部隊はアメリカ陸軍航空隊第20および21航空団のB29重爆撃機部隊で、これら重爆撃機で各種機雷を、瀬戸内海海域や関門海峡、北九州地方の主要港湾、中国地方から北陸地方にかけての主要港湾、朝鮮半島東海岸沿いの主要港湾に対して集中的に敷設することであった。

ボーイングＢ29重爆撃機は一九四四年初頭より大量生産が開始され、一九四五年三月現在で、マリアナ基地（サイパンとテニアン両基地）には四百機を超える実働部隊が配置されていた。さらに五月になるとマリアナ基地のＢ29の総配置数は七百機を超えていた。

そして同じ頃アメリカ国内には、工場で完成し実戦部隊配置を前にした機体が約千機も存在し、量産は続けられていたのである。

日本本土空襲に出撃するＢ29は日毎にその数を増し、一九四五年五月十四日の名古屋方面の空襲には初めて五百機を超え五百二十四機に達した。また同じ五月二十三日から二十四日にかけての東京山の手方面の夜間空襲ではその参加機は五百五十八機に達している。

つまりこれだけ大量の爆撃機の出撃が可能であれば日本沿岸海域への機雷の集中敷設は容易にできることを示すことになるのだ。

Ｂ29の最大爆弾搭載量は九トンである。マリアナ基地から日本本土までの距離は片道二千キロあるが、Ｂ29は六〜七トンの爆弾（機雷）を搭載した場合には日本本土往復は可能な性能を持っていたのである。

一九四五年三月までにアメリカは五種類の空中投下型の各種機雷を開発ずみで、すでに大量生産に入っていた。これら機雷の概要は次のようになっていた。

Ｍｋ25Ｍｏｄ０　磁気反応式機雷　全重量八百三十五キロ　炸薬量五百十キロ　最大敷設深度三十メートル

Ｍｋ25Ｍｏｄ１　磁気・音響反応式機雷　全重量八百三十五キロ　炸薬量五百十キロ　最大敷設深度四十二メートル

Ｍｋ25Ｍｏｄ２　磁気・水圧反応式機雷　全重量八百三十五キロ　炸薬量五百十キロ　最大敷設深度四十五メートル

Ｍｋ26Ｍｏｄ１　磁気反応式機雷　全重量四百九十キロ　炸薬量二百十キロ　最大敷設深度三十メートル

Ｍｋ36　磁気反応式機雷　全重量四百九十キロ　炸薬量二百六十キロ　最大敷設深度三十メートル

これらの機雷の中で最も多く投下されたのはＭｋ25型の三種類で、それぞれ全投下量の約三十パーセントに達した。

Ｂ29はこれらの機雷を一機当たり六〜八発搭載し、多くの場合高度三百メートルからパラシュート投下した。

機雷の敷設は通常夜間に行なわれた。これは日本側に投下位置を確認されにくくするためで、普通一つの目標に対する敷設機数は二十〜三十機で、同じ目標に敷設を繰り返すのが攻撃の手法であった。

機雷敷設作戦の最初の出撃は一九四五年三月二十七日で、この日百二機のＢ29重爆撃機がマリアナ基地を出撃したが全機が機雷を搭載していた。目標は大陸航路の日本の要衝である関門海峡である。途中十機がエンジンの不調で基地へ引き換えしたが、残りの九十二機はそのまま北に針路を取り二千キロ先の日本に向けて飛び続けた。

この日の午後十一時頃、九十二機の長く断続的に続く編隊は豊後水道を北上し、周防灘に入ると進路を西にとり、高度を下げながら関門海峡方面に向かった。

最初の編隊が暗夜の関門海峡上空に現われた時、その高度はわずかに三百メートルであった。Ｂ29爆撃機は胴体中央下にレーダーを搭載しており、暗夜であってもまた曇天であっても地上の姿は機上のレーダースクリーンに写し出され、確

米軍が日本周辺に敷設した感応式機雷の数

種類	敷設個数
磁気感応式機雷	4849
音響感応式機雷	3911
磁気・水圧感応式機雷	2558
合計	11318

米軍が日本周辺に敷設した感応式機雷の数と敷設位置

地域（海域）		敷設機雷			計
		磁気	音響	磁気・水圧	
本州東岸	三河湾	37	7	9	53
	鹿島灘	22	0	0	22
	犬吠埼	19	0	0	19
	その他	16	2	5	23
	計	94	9	14	117
瀬戸内海	広島湾	204	324	19	547
	周防灘	137	361	171	669
	関門海峡	1562	1789	1345	4696
	その他	460	351	521	1332
	計	2363	2825	2056	7244
九州北部	博多湾周辺	203	59	26	288
	唐津湾周辺	56	19	12	87
	その他	15	38	31	84
	計	274	116	69	459
日本海	新潟沖	490	201	88	779
	若狭湾	264	238	89	591
	その他	1364	522	242	2128
	計	2118	961	419	3498
総計		4849	3911	2558	11318

実に目標を捕らえることができたのである。

各機はそれぞれ八～十個の大型機雷を投下した。機雷は投下直後にパラシュートが開きゆっくりと海面に向かって落下し、海面に着水すると直ちにパラシュートは外れ、そのまま三十～四十メートルの海底に向かって沈下し、海底に横たわり直ちに感応装置が作動するようになっていた。

日本側の防空陣は夜間の関門海峡上空に低空で現われたB29編隊に狼狽した。探照灯は通常ではあり得ないほぼ水平の照射を始めたが、目標に向けての高射砲の射撃は躊躇された。関門海峡の中心部は幅がわずかに一～四キロであり、九州および本州側が高射砲を射撃するとしても射程は短く砲弾の信管の調整に混乱をきわめた。通常の射撃体制で射撃すれば確実に互いに対岸を砲撃することになるのだ。

対岸の山口県の小月には陸軍の航空基地があるが、出撃した夜間戦闘機も低空で来襲するB29を捕捉することに困難をきわめた、下手に低空攻撃をかけてもあまりの高度の低さと暗夜の視界の中では攻撃する機体が海面に激突する心配が大きかったのである。

この日撃墜されたB29はわずかに三機であった。

この日以降、B29による日本の港湾や海域に対する機雷投下作戦は終戦前日の八月十四日まで続いた。

一九四五年三月二十七日から八月十四日までのB29による機雷敷設の回数、来襲機数および投下機雷数は別表の通りである。また機雷が敷設された港湾や海域、それぞれの敷設機雷数と投下機雷数は別表の通りである。

機雷敷設の目標地点は日本本土では関門海峡とその周辺の海域が圧倒的に多く、敷設機雷の三十パーセント強を占め、さらに満州や朝鮮への起点港になる博多や敦賀や舞鶴、境港や新潟などの各港やその周辺の湾がこれに続いた。また朝鮮半島の主要拠点港にも合計四百六十四トン（七百三十二発）の機雷が投下された。そして最初の機雷が投下された直後からこれらの海域を航行する日本の商船は次々と機雷の餌食になり、終戦の時までに実に大小百八十六隻（三十九万九百七十五総トン）の船が撃沈され、二百隻以上の大小の商船が沈没せずとも損傷し、航行不能に陥ることになった。

日本は大陸からの食料の輸送もままならず、まさに飢餓作戦の罠にはまってしまったのである。両大戦を通じてもこれほど高密度の機雷敷設作戦で、しかも大規模な攻撃効果を表わした機雷作戦はこの「飢餓作戦」以外にはない。

これらの海域に敷設された機雷の約半数は戦時中の日本海軍の掃海で除去されたが、戦後に残された機雷はその後の日本側の、旧海軍軍人で編成された特別除去部隊や新設された海上保安庁の努力により一九五五年頃までにはほぼ全てが処分されている。しかし現在でもときどき瀬戸内海では当時の未掃海の

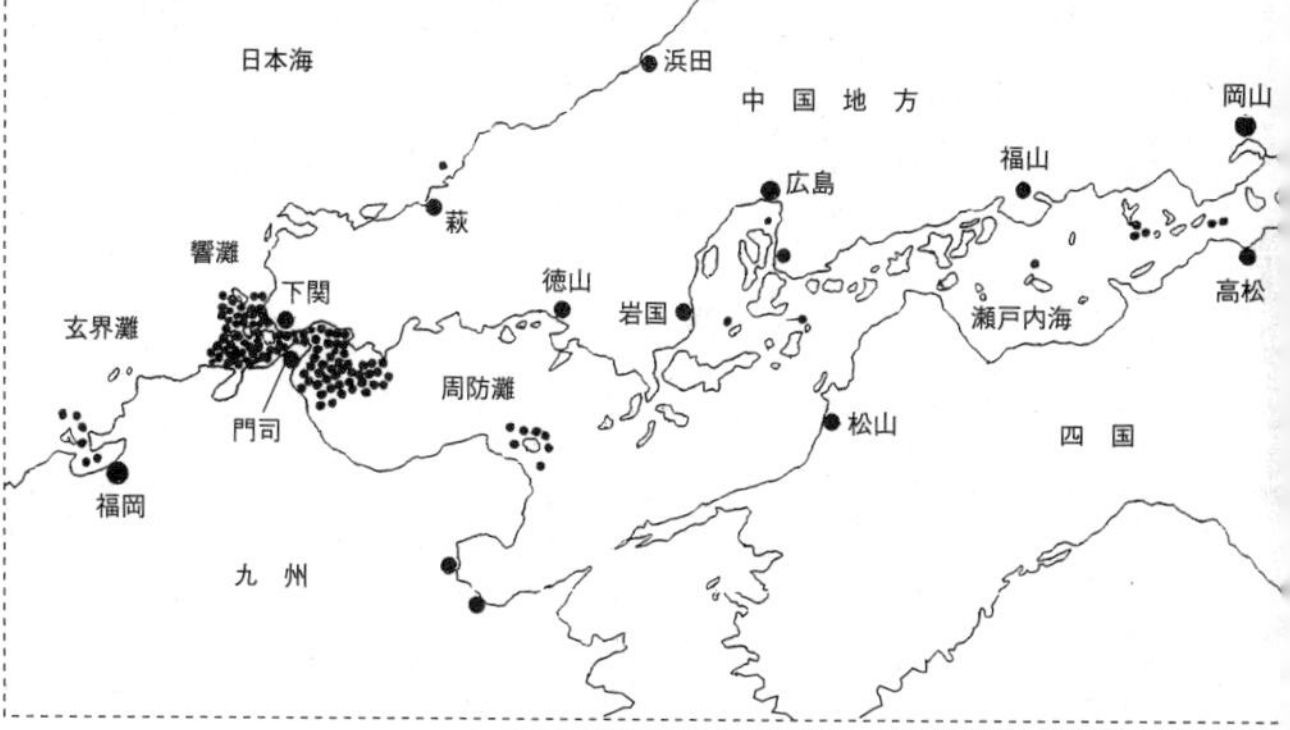

米軍が日本周辺に敷設した感応式機雷で失われた日本商船の沈没位置

機雷が発見され処分されていることは耳に新しい。

ちなみにこの作戦で投下された合計一万千三百十八個の機雷の機能別の数は、磁気感応式機雷四千八百四十九個、磁気・音響感応式機雷三千九百十一個、磁気・水圧感応式機雷二千五百五十八個となっている。なおこの飢餓作戦の出撃で失われたB29は、機雷投下機数千三百八十一機に対してわずかに十四機であった。

実はこれだけ多数の機雷が敷設された割りには日本側の機雷掃海の実績が予想よりも大きかった（約四十パーセント強）ことには理由があったのだ。

B29爆撃機から投下される機雷は低空からのパラシュート投下であり、たとえ夜間であっても投下される海域も狭く限定されており、投下する機体が大型であるだけに機雷の投下の状況、区域は地上からもかなり正確に観測できたのである。このために機雷の敷設場所はかなり正確に把握できたために、その後の掃海の位置設定は比較的容易であったのだ。

ただ音響感応式と水圧感応式の機雷の処分には、当初は実態が分からないだけに多くの困難を伴った。その中でも水圧感応式機雷は、磁気感応機能と水圧感応機能を複雑に組み込んであるために通常の掃海爆発処理方法で誘爆させることは極めて困難で、潜水して人為的に爆発処理を行なう方法しかなかった。

実は極めて皮肉なことであるが開発した当のアメリカ側も、当時は磁気・水圧感応式機雷の効果的な掃海方法については開発の途上であったのである。

その7　戦後の日本周辺における機雷掃海の苦悩

日本は太平洋戦争が終わっても長い間、アメリカが航空敷設した機雷による被害に悩まされた。終戦までに日本海軍はB29爆撃機から敷設された機雷の四十パーセント強にあたる四千百四十四個を処分した。しかし約六千個の機雷が未掃海のまま日本の近海域には放置されていたのである。

終戦と共に海軍を失った日本には、この危険な未掃海の機雷を処分できる組織がなくなったのである。一方日本の周辺海域にはアメリカが投下した機雷以外に、日本海軍が敷設した機雷が五万個以上も存在していたのである。

これは平和時の活動をとりもどした日本の船舶にとっても、日本に来港する多数の連合国艦船にとっても危険きわまりない存在として残されたのである。

日本政府は直ちに機雷処分の実務にあたる組織を編成することが急務とされたのであった。一九四五年十二月一日に第二復員局が急遽組織された。これは旧海軍の軍務を処理するための機関で、未処理機雷の掃海も担当することになったのである。その後この第二復員局は一九四八年一月に解体されるが、機雷掃海の任務はそのまま運輸省海運総局内に設立された掃海艦船部が引き継ぐことになった。

一九四五年十二月当時の掃海戦力は、戦争末期に大量に建造された旧海軍の木造哨戒特務艇や駆潜特務艇あるいは漁船など三百四十八隻で、従事する隊員の数は一万九千百名に達していた。

これら掃海業務はその後新設された海上自衛隊の手に委ねられたが、終戦後の残存機雷による船舶の被害は断続的に続き、一九四五年八月十六日から一九四八年六月三十日までの約三年間の間でも、日本の商船四十隻（七万四千二百六十一総トン）が沈没している。

結局残存機雷の処分がほぼ終了したと思われた一九五〇年十二月末（この後も一九五五年頃まで時折、未処理機雷による船舶の被害は続いた）までに、合計百三十六隻（二十六万七千八百総トン）の大小の商船や漁船が未処理機雷により、沈没あるいは大中破する被害は続いたのである。ちなみにこの機雷事故による商船や漁船の乗組員の死亡者と行方不明者の合計は、実に二千名を超えるものとなったのであった。

すでに述べたがこの未処理機雷の掃海に翻弄されていた同じ頃の一九五二年から、未処理機雷の処分がほぼ終了した一九五九年にかけて今度は日本海側を中心に、日本沿岸に多数の浮遊機雷が発見されることになったのである。全く不可解な出来事であった。

この謎の浮遊機雷は一九五九年の発見が最後となったが、発見された浮遊機雷の数は四百二十八個に達した。最も多く発見されたのは一九五三年から一九五五年の間で、その数は二百二十個に達した。この頃はすでに朝鮮戦争も終結した後のことであり、機雷の出所は様々に憶測されたが結局は原因不明ということで終わっている。

これらの機雷は海上保安庁と海上自衛隊の地道な探索により幾つかの実害はあったものの、当事者の多大な苦難の末、大事に至らずに処理することができた。

実は日本海の正体不明の浮遊機雷については、戦後の出来事ではなく太平洋戦争勃発直前の一時期にも問題化していたのである。

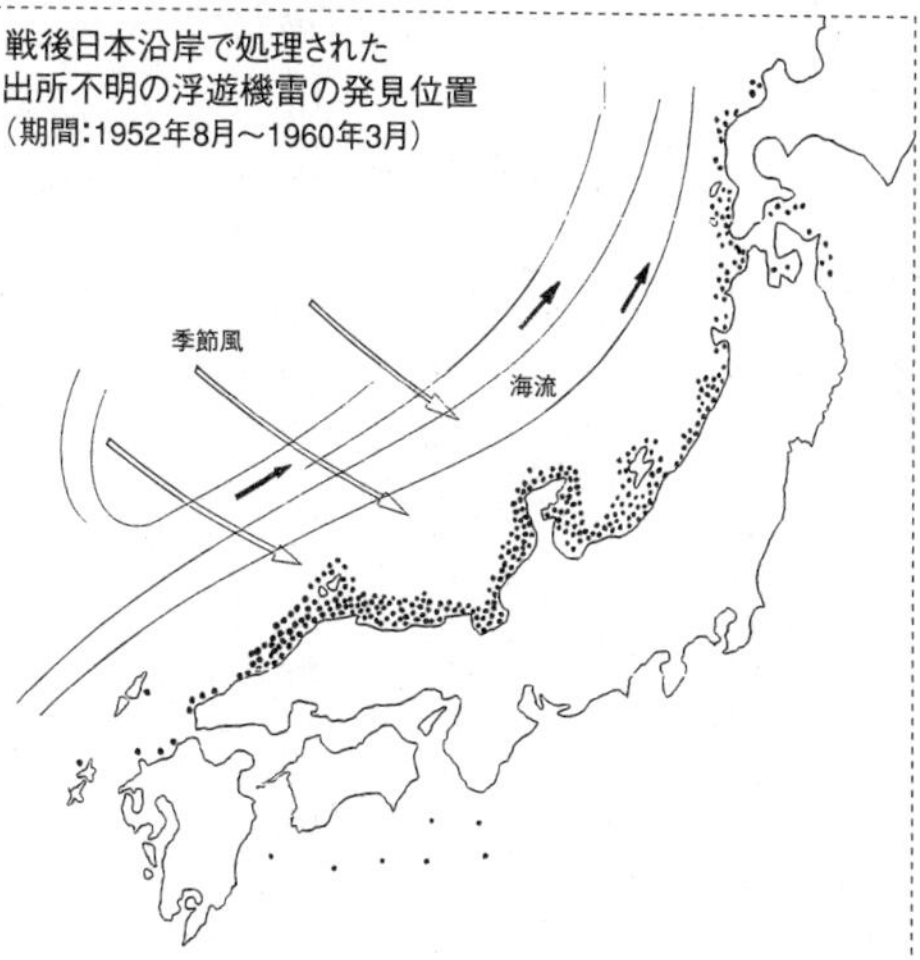

戦後日本沿岸で処理された
出所不明の浮遊機雷の発見位置
（期間:1952年8月〜1960年3月）

一九四一年六月の独ソ戦の勃発直後、ソ連はウラジオストックやナホトカなどの日本海に面する港の周辺に機雷を敷設し、周辺海域の航行の危険を日本などに宣言してきた。

ところがこの宣言の直後から朝鮮半島の東海岸でしばしば浮遊機雷が発見され、それらの一部は朝鮮の漁船との接触による爆発や海岸での接触爆発事故を頻発させることになり、多くの死傷者が出る深刻な事態となった。

一九四一年七月から十月末までに発見され、爆発事故を起こしたり発見後直ちに爆発処理された機雷だけでも五十七個に達したのである。機雷敷設に際しては最新の注意が払われるはずであるが、これほど多くの機雷が浮遊することは不自然なことであった。

その最中の一九四一年十一月五日の午前二時二十五分、北朝鮮の清津港を出港して日本の敦賀に向かっていた日本海汽船社の貨客船気比丸（四千五百五十二総トン）が、清津港の東南沖合約百キロの地点で機雷に触れ沈没した。そして乗客百三十六名と乗組員二十名が犠牲となった。

日本政府は外務省を通じ直ちにソ連政府に対し厳重な抗議を行なったが、それから一ヵ月後に太平洋戦争が勃発し、事件はウヤムヤのまま終わってしまった。戦前も戦後も日本海をめぐる不可解な浮遊機雷の謎は実態不明のまま話は途切れているのである。

ここで余談ながら磁気機雷の処理方法についてイギリスと日本が実行しようとした興味ある話を紹介したい。

第二次大戦勃発直後にイギリス本島周辺にドイツ側が敷設した磁気機雷について、イギリス海軍は当初その処理方法、つまり掃海方法に具体策を持っていなかった。最も最初に考え出され実行に移された方法は「特設機雷処分艦」の使用であった。

特設機雷処分艦とは、千六百～二千三百総トン級の沿岸航路用の石炭運搬船の船首部に強力な通電装置（磁気発生装置）を取り付け、強力な磁気を発生しながら磁気機雷が敷設された予想される海域をあえて航行するのである。

もしこの艦が敷設された磁気機雷の近辺を通過すれば、機雷は反応し爆発するのである。当然のことながら艦は特に船首部を中心に多大な損害を受け、場合によっては沈没の危険もあるのだ。しかしこの事態は当然予想されたことであり、艦の沈没を防ぐために貨物倉には大量の空のドラム缶や空の石油缶を積み込み、それぞれ固く繋ぎこれを浮体として艦の沈没を防ごうとしたのである。

実際に実働はさせて予定の効果は現われたが、この特設機雷処分艦が運行を開始して間もなく、イギリスは磁気機雷処理専用の掃海具を開発したために、この特殊な艦が活躍する機会は自然消滅したのである。

実は日本でも終戦直後の第二復員局による機雷掃海の際に、磁気機雷探知と処理のためにアメリカ海軍の提案でイギリスと全く同じ磁気機雷処分船として、中型の戦時標準設計型の貨物船に同じように浮体として大量の空のドラム缶を船倉に積み込んだ船を準備した。日本側はこれを「モルモット船」と称したが、安全の保証に問題が多すぎ、試験航行は行なわれたが実用化されることはなかったいきさつがある。

現代の機雷

機雷はすでに古い兵器という印象を受けるがそれは大きな間違いで、機雷は艦船に対する待ち伏せ兵器として、また最も効果の大きな兵器としてますます進化を遂げているのである。

現在では係維式接触型機雷は敵艦船の接触を待つばかりではなく、内部に磁気、音響、水圧等に対する感応装置を組み込み、沈底型機雷と同じ機能を持った機雷に発達しているのである。そして近くでは湾岸戦争などでも局地的な防衛武器として使われている。

現在の係維式機雷は対水上艦艇のためではなく、むしろ侵入してくる敵潜水艦に対する重要な阻止兵器として一段の発達を遂げている。

現在の係維式機雷の代表的なものは短係止上昇式機雷がある。これは敷設深度が従来の水深四十~百メートルではなく、近代的な潜水艦の潜航深度が百~三百メートルであることを考え、敷設深度は数百メートルとなっているのである。そして機雷本体も最初から深々度に設置されており、機雷本体が敵艦船の接近を探知すると、センサーは目標の位置、針路、速力を自動測定し、目標が攻撃可能な範囲に入ったと判断された場合には、機雷本体は係維索を自動的に切り放し、急速に上昇を始め目標または目標の至近の位置で爆発するのである。
この機能を持った機雷は短係止上昇式機雷と呼ばれ、世界の主要海軍の現用機雷として多用されている。つまり機雷本体の中の感応機能にコンピューターを組み込んだ最新兵器の一つとなっているのである。

カプセル型機雷の作動概念図

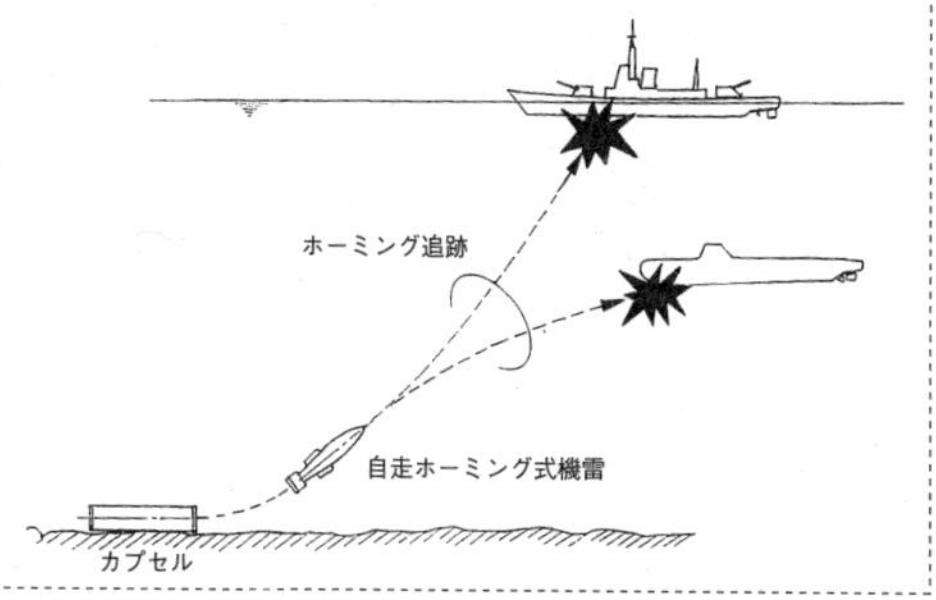

もう一つ最新型の機雷にカプセル型機雷がある。この機雷についてはまだ多くの部分が機密扱いになっており、概念的なことしかわかっていない。

この機雷は今後広く使われる可能性を含んであるが、概念的な機能は、一種のホーミング魚雷をカプセルに収納して海底に敷設したもので、魚雷には目標の接近・探知装置（センサー）を内蔵させ、敷設と同時にセンサーをパッシブモードに切り替えるのである。

敵艦船が接近する信号（音響、水圧、磁気等の変化）が受信されると、その目標を攻撃するべきか否かを判断し、攻撃可能と判断した場合にはカプセル

最近のカプセル型機雷の外型図

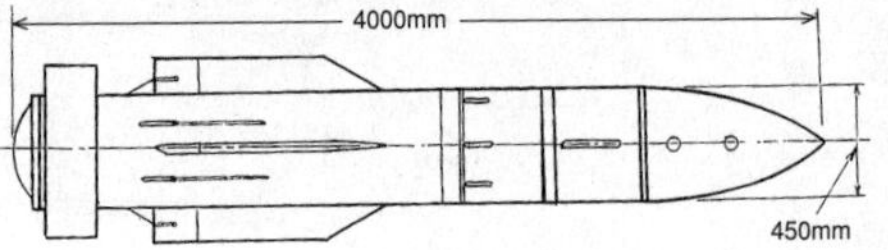

中国製Yu-2型カプセル型自走式機雷
重　　量：200kg（炸薬量：150kg）
水中速力：70ノット（時速120km）
射　　程：1000m

から機雷（一種の高速魚雷）が発射され、目標に向かって進み相手を正確に攻撃するのである。

この機雷の敷設深度は最大三百メートルとされ、有効攻撃範囲は敷設位置を中心に半径千メートル以内とされている。つまり機雷とはいいながら極めて能動的な機能を持った一種の魚雷なのである。

二〇一〇年三月に朝鮮半島の西側の黄海沿岸で韓国の哨戒艦「天安（チョンアン）」が正体不明の爆発で一瞬にして沈没するという事件が発生した。

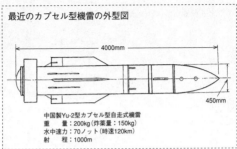

韓国当局はこの爆沈事件の原因は北朝鮮の小型海軍潜水艦が放った魚雷によるものと喧伝した。しかしその後のさらなる調査の結果、この撃沈事件は最新のカプセル型機雷による攻撃ではないかという説が強まっている。

この機雷は船底直下の直撃が可能で、この場合は機雷の爆発の衝撃により目標の船体は一端上方へ突き上げられながら船底の外板は上方に折れ曲がる。この時突き上げられた船体の直下の水中には空洞（真空に近い）ができ、この空洞の負圧力によって上方に押し曲げられた船底の外板は下方に曲げられる。機雷の爆発は船体直下に強力な高速気泡（バブルジェット）を作り出し、これによって船体は再び持ち上げられ。この時船体の外板は再び上方へ押し曲げられ、この繰り返しの折れ曲がり動作で船底の外板は折れてしまい、同時にその剪断力で船体の両舷側の外板も切断され船体は二つに分かれてしまうことが想定されるのである。

カプセルに収容される機雷の本体の要目はアメリカ海軍のものについては概要が知られている。それによると機雷（実質的には一種のホーミング魚雷）の全長は四メートル、直径四十五センチ、弾頭に装填される炸薬量は二百キログラム、推進力はロケットと同じく固体燃料で行なわれ、水中速力は約七十ノット（時速百二十九キロ）という性能の持ち主であるが、主要海軍では最新の機雷として詳細は機密とされている。

このカプセル型機雷は従来の機雷の概念を大幅に変えるものであり、今後主力になる水中兵器として注目すべきものなのである。

第3章　魚雷

魚雷の出現

魚雷とは葉巻型をした水中走行兵器で、その本体内には動力源を持ち、それによって推進器を回し水面下の定められた深度を直進、敵艦船の吃水線下の舷側に激突させ同時に炸薬が爆発し、目標を撃沈させる兵器である。

一概に魚雷といっても、断面積の狭い本体の中にどのように推進機関を組み入れるのか、機関の駆動源は何なのか、どのような構造の機関が使われているのか、どのように水中を直進させるのか、どのように一定の深度を保たせるのか、等々多くの疑問が出てくる。

魚雷はイギリスのロバート・ホワイトヘッドの発明によるものとされている。そして魚雷を試作した当時の彼はオーストリア・ハンガリー帝国に在住し、鉄工所の支配人をしていた。彼は一八六四年に一本の魚雷を試作した。この試作第一号の魚雷はおよそ次のような姿をしていた。

全長二メートル、直径三十六センチ、全重量百三十五キロ

炸薬量七キロ、水中最高速力六ノット（時速十一キロ）

動力：圧搾空気

全長二メートルの胴体の中には直径三十四センチ、長さ八十センチのボンベが組込まれ、四十六気圧の高圧空気が貯め込まれていた。この圧搾空気を星型三気筒のエンジンに送り込み回転運動を起こさせ、二枚羽根のスクリュー軸を回転させ推進力としていた。つまり圧搾空気を使い切るまで走行できるが、数百メートルの長い距離を走ることは難しかった。

外形は典型的な細長い紡錘型で、尾部には固定式の縦舵と横舵が取り付けられており、それぞれの角度は直進するように固定されていた。

水中走行試験の結果、一定の水深を保ち直進する姿勢を示したが、固定舵のままでは直進性に不安があり、何らかの対策を講じて直進性を保たねばならなかった。

彼はその後サーボモーターを試作し、一八六八年にこれを舵の作動に取り付け、縦

舵の動きを常に直進できる姿勢に応用したのである。この縦舵のサーボ機構は約百四十年前の発明であり、まさに画期的な発明であったのだ。

ホワイトヘッドの最初の魚雷

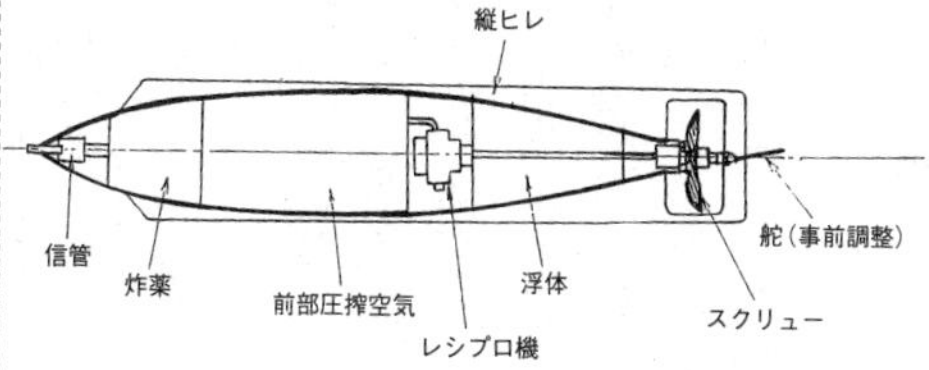

　このサーボ機構を備えた縦舵の動きによって、ホワイトヘッド発明の魚雷はおおよそ一定の水深を直進できるようになったのである。

　彼は一八六九年にイギリスでホワイトヘッド魚雷会社を設立し、以後世界の魚雷の基本ともなった各種の魚雷の試作、製造を開始したのである。

　ホワイトヘッドの発明による魚雷は開発直後からイギリス海軍の注目を引き、一八六九年には百本のホワイトヘッド社製の魚雷を購入し、実用実験を繰り返した。その結果イギリス海軍はこの魚雷が水中兵器として極めて有効な働きをするものと判断し、さらなる実用化試験を繰り返す必要があるとして、ホワイトヘッド社に対しホワイトヘッド型魚雷の量産を命じたのである。

　量産された魚雷は試作型魚雷に多くの改良が加えられていた。その仕様は次のとおりである。

全長四・八メートル、直径四十センチ、射程百八十メートル
速力九ノット（時速十六・七キロ）、炸薬量三十二キロ
ホワイトヘッド社はこの魚雷の製造権をアメリカ、フランス、ドイツ、イタリア海軍にも与えた。これによってイギリスを含めた五ヵ国が同時に独自の魚雷の研究を開始することになったのである。

いずれの海軍も直面した問題は水中での直進性能をさらに高めること、より正確な深度調整が行なえること、水中速力を高めることなどであった。

水中速力を高めることは即ち推進方法と推進機関の改良であった。その後第二次大戦当時の最終的な姿の魚雷の推進機関は一種の蒸気機関（レシプロ機関）と電池駆動によるモーターの二つの系統に収束されたが、それまでは魚雷の性能を向上させるための様々な試行錯誤が繰り返されたのである。この過程については次の項で説明を加えたい。

魚雷の推進機関は第一次大戦勃発頃までには各国海軍共にほぼ小型の蒸気機関（レシプロ機関）で完成を見ていた。この小型の蒸気機関の基本システムはおおよそ次のような姿になっていた。

圧搾空気は小型のレシプロ機関（星型の三気筒か四気筒のレシプロ機関）に送り込ま

圧搾空気推進魚雷の基本メカニズム

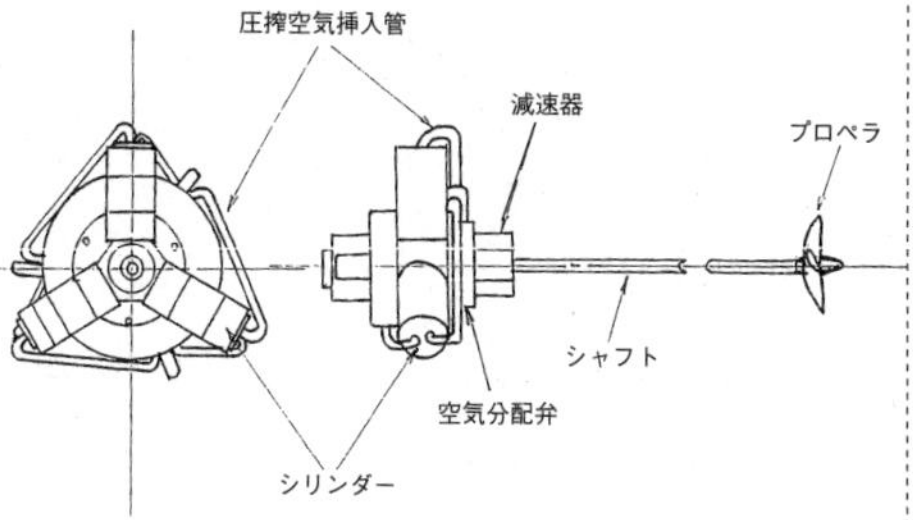

れる直前で空気加熱装置（燃焼室）に送り込まれる。ここで圧搾空気にガソリンまたはアルコールが噴射される。燃料と混合された空気に点火すると混合空気は燃焼を始めるが、この中に今度は真水を噴射するのである。噴射された真水はたちまち高温高圧の蒸気となり、この蒸気がレシプロ機関のシリンダーに送り込まれシリンダーが回転運動を始め、回転軸が回り、尾端のスクリューを回転させ魚雷を推進するのである。

各国はほとんど同じ原理で魚雷の開発を進めていたが、開発の焦点はいかに魚雷の速力を増し、走行距離（射程）を増し、炸薬量を増すかにあった。

結局、魚雷の発達が一つの頂点を迎える第二次大戦までに実用化された日本を除く各国の魚雷の性能は、最大速力三十〜五十ノット（時速五十五〜九十二キロ）、射程三千〜一万メートル、炸薬量三百〜三百二十キロというものであった。

性能がほぼ同じになる原因は空気源として通常の

レシプロ機関駆動魚雷の基本メカニズム

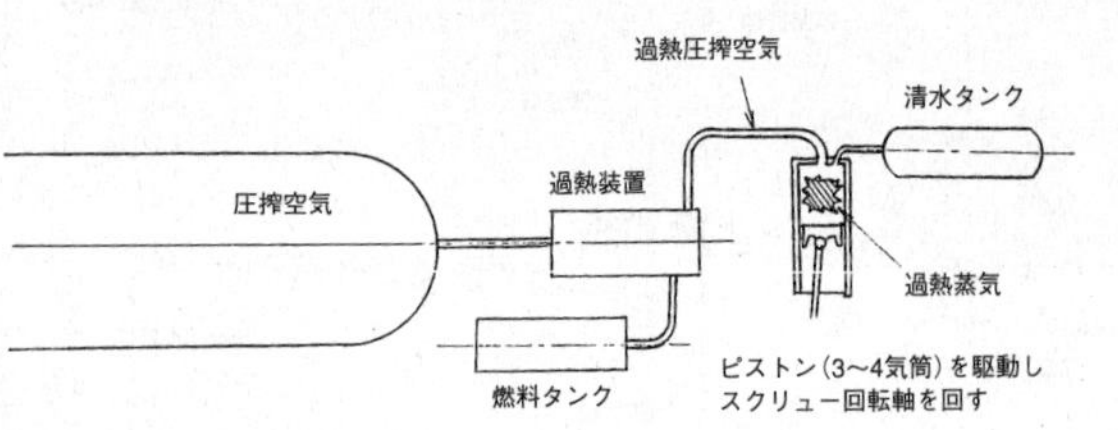

圧搾空気を使用したことに尽きるのだ。つまり燃焼に必要な酸素は空気全体の二十パーセントしか存在せず、航続距離を伸ばし機関の出力を上げるためには大量の圧搾空気が必要になり、そのためには魚雷をより巨大化しなければならないのである。つまり艦艇の上で取り扱える魚雷の寸法の限界はおのずと制限され、そのためには結局は達成した性能で満足しなければならないのである。

これに対し遅れて魚雷開発に手をつけた日本海軍は、この圧搾空気による限界を取り除くために空気源に圧搾酸素を使ったのである。空気源として圧搾酸素を使うことは誰もが考えることで、魚雷開発を進めていた日本以外の各国も当然圧搾酸素魚雷の開発を始めていた。しかし爆発事故の続く圧搾酸素魚雷の開発は全て失敗に終わり、ひとり日本だけが成功したのであった。

しかし酸素魚雷の開発の成功と実用化は、その後日本海軍の最高の機密事項となり、他の海軍は知ることはなく、太平洋戦争では謎の強力魚雷として連合軍側を恐れさせたことは読者の皆さんもご存じのとおりである。

この酸素魚雷については後に詳しく解説することにする。参考までに酸素魚雷の概要は次のとおりである。潜水艦で使用する酸素魚雷の寸法は直径五十三センチと他国の魚雷の寸法と大差はないが、巡洋艦や駆逐艦で扱う魚雷は直径が六十一センチに達する巨大魚雷で、直径の大型化と、酸素使用というアドバンテージから魚雷内部の炸薬用の容積も増し、炸薬量は他国海軍の三十パーセントから六十パーセントは多くなり、五百～七百キログラムと増加している。また速力は四十ノット～五十ノットの範囲であるが、その維持距離は圧搾空気式の魚雷より格段に増加しており、射程（航続距離）は実に九千～四万メートルで扱うことができたのである。

現在の魚雷の推進力は大半が電気式、つまり電池を動力源としたものである。巡洋艦や駆逐艦が華々しい魚雷戦を交える戦法は第二次大戦の後半にはほとんど姿を消してしまっていた。この頃の魚雷の戦いは航空機から投下される戦いに変わり、それが主体となっていたのである。そして現代の魚雷はほとんどが対潜水艦攻撃用の兵器に変わり、魚雷には高速力や長射程の必要性はなくなり、その代わりに確実な命中を条件とする水中武器に変貌しているのである。

魚雷の構造

魚雷の細い円筒型の外型とスクリュー推進という構図は、現在に至るまで原型と大きく変わるところはない。ただその後の速力の飛躍的な増加や航続距離の増加、あるいは炸薬量の増加などは魚雷内部の構造をより複雑にしていった。

別図Aに第二次大戦当時の魚雷の基本構造となる機械推進式魚雷（湿式加熱式魚雷）の横断面図を示す。また別図Bには第二次大戦で多用されたもう一つの基本構造である電気推進式魚雷の横断面図を示す。

機械推進式魚雷では魚雷の最前部には信管と炸薬が配置され、その後方からの大部分は圧搾空気のタンク（燃料空気）になっており、このタンクが同時に魚雷に浮力を与えることにもなっている。圧搾空気タンクの後方には小型の燃料タンク（ガソリンやアルコール）と蒸気発生用の清水タンクが組み込まれ、その後方には空気加熱装置とレシプロ機関（三気筒あるいは四気筒の星型機関または水平四気筒の機関）が配置されている。

空気加熱装置に送り込まれた圧搾空気にガソリンかアルコールを霧状に噴射し燃焼させる。この燃焼ガスの中に清水を噴射すると水はたちまち蒸気となり、この蒸気を

A：機械推進（レシプロ機関駆動）式魚雷の構造

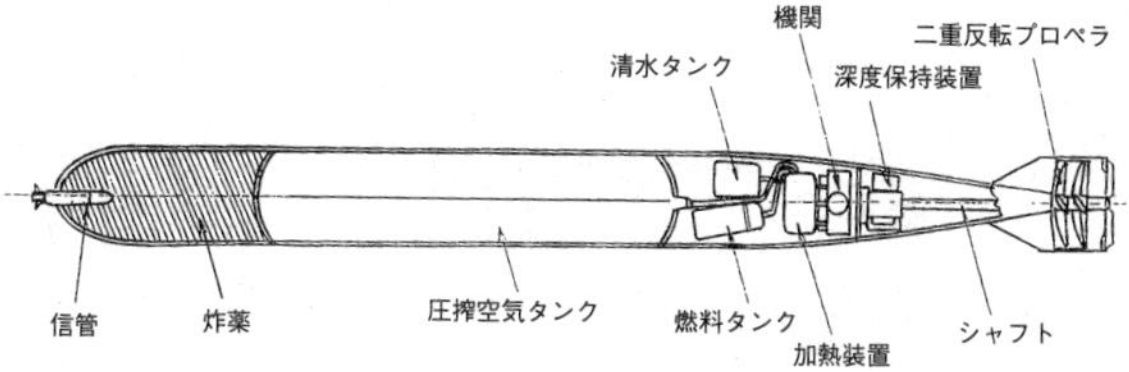

レシプロ機関のシリンダーに送り込み機関を運動させ、回転運動を起こさせスクリューの回転軸を回すのである。

スクリューは当初は四枚羽根の一方向回転で魚雷本体を推進させたが、強い回転力（トルク）の影響による直進性の障害を避けるために、一九二〇年代に入る頃から、ほとんどの魚雷のスクリューは四枚羽根を二重に並べそれぞれを逆回転させる、いわゆる二重反転式のスクリューが採用されるようになった。

機関部分には魚雷の深度を調整する装置やサーボモーター式の自動操舵装置が内蔵されている。この自動操舵装置は魚雷を直進させるための装置である。

日本が開発した酸素魚雷の場合は、タンク内の気体は百パーセント圧搾酸素であるために、本来ならば通常の圧搾空気式の魚雷の空気タンクの五分の一の容量で同一航続力が得られるのである。しかし圧搾空気タンクを二倍以上にすれば航続力は二倍以上に伸び、またタンクが

B:電気推進式魚雷の構造

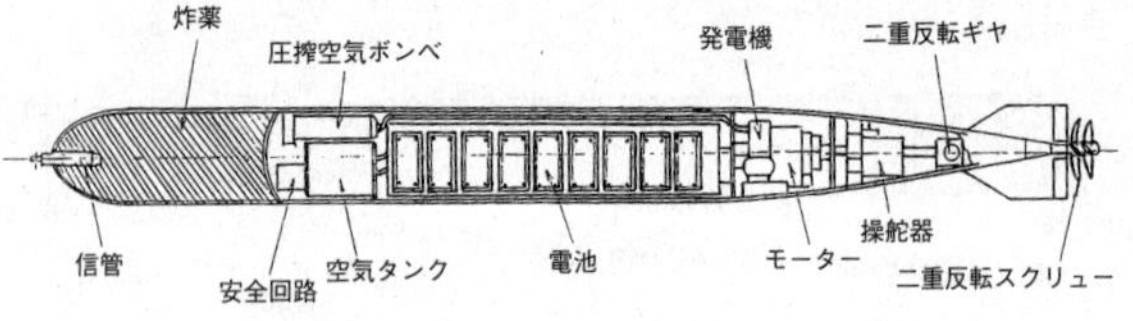

小型化しただけ炸薬量を増やすことができるのである。

一九二〇年代後半に入るともう一つの動力源の魚雷が急速に発達を始めた。つまり電池をを動力源とする電気式魚雷の出現である。

別図Bに電気式魚雷の概念図を示す。機械式魚雷と同じく魚雷の前頭部には信管と炸薬が内蔵されているが、その後方からの大部分は電池が占めている。電池の後方にはモーターが装備され、機械式魚雷と同じく深度調製装置と自動操舵装置も組み込まれている。

電気式魚雷の弱点は、当初は起電圧が大きく寿命が長い電池の製造が困難であったことで、このために魚雷の走行距離は短くまた十分な起電圧が得られないためにスクリューの回転も弱く、当然高速力が得られにくいことであった。

しかしその後電池の開発が進み長寿命、高電圧の電池が生産可能になるにしたがい電気式魚雷は急速に発達し、特にアメリカ、イギリス、ドイツでは潜水艦用の魚雷として電気推進式魚雷が重要視され出した。

電気式魚雷は機械式魚雷に比べ取り扱いが簡単であることから、特にドイツ海軍では第二次大戦の勃発を前にして潜水艦用電気式魚雷の開発が進められ、戦争の勃発と同時に電気式魚雷が潜水艦専用の魚雷として実戦に投入されたのであった。

第二次大戦勃発と同時にドイツ海軍の潜水艦が使用を始めた魚雷はＧ７ｅ型魚雷と呼ばれ、次の性能を持っていた。

全長六メートル、直径五十三センチ、全重量千六百キロ

炸薬量：二百八十キロ、射程：雷速三十ノットで五千メートル（雷速を上げると射程は極端に短くなる。例えば雷速四十ノットで射程二千メートル）

一九四三年中頃にドイツ海軍が完成したＴ３ａ型魚雷は、同じ電気式魚雷で炸薬量も同じであるが、より強力な電池が開発されたために雷速三十ノットで七千五百メートルに達している。

ただドイツ海軍の場合は実戦での射程はほとんどが千五百メートル前後であり、このために雷速は四十ノットに上げることができた。また炸薬量も少ないが、最大の目標が舷側鋼板の薄い商船であるために、これで十分に通用したのである。

実はドイツ海軍はこれらの電気式魚雷に音響誘導装置を内蔵させ、いわゆるホーミング魚雷を一九四二年に実用化させている。但しこのホーミング魚雷は音響誘導装置の容積が大きいため電池の収用容積が減り、現場では扱いにくい魚雷となったが、一九四三年に完成したT5型ホーミング魚雷の性能は、炸薬量二百七十四キロ、最大射程は雷速二十五ノットで五千七百メートルであったが、射程千五百メートル以内であれば雷速三十五ノット程度まで増速することが可能になり、攻撃側の潜水艦にとっては極めて強力な武器となった。しかしこの魚雷が完成した頃のドイツ潜水艦は戦闘力を失いはじめていた。

現代の魚雷は全てが対潜水艦攻撃が目的であるために、射程も三千メートル前後と短いために魚雷の動力は全て電池である。

第二次大戦で最も多くの魚雷を消費した国はアメリカ、ドイツ、日本といえるが、これらの国の魚雷で特徴的であるのは、日本海軍は水上艦艇や潜水艦で使用された魚雷の多くが酸素魚雷であったこと。ドイツ海軍は戦争の初期の段階では駆逐艦による機械式魚雷を使う魚雷戦もあったが、その後は全ての魚雷は潜水艦の武器として電気式魚雷が使われたこと。またアメリカ海軍は駆逐艦を中心とする水上艦艇の魚雷は機械式魚雷であったが、大量に消費された潜水艦用魚雷は全て電気式魚雷であったことである。

さてここで話を少し前に戻し、高圧空気でレシプロ機関を駆動するホワイトヘッド式魚雷から、その後全盛となった機械式魚雷（高温高圧の蒸気でレシプロ機関を駆動する方式）に移行するまでの魚雷の発達過程について、多少の説明を加えておきたい。

魚雷の性能を伸ばす手段は、一つは魚雷の速力の増加、一つに走行距離の増加、一つに炸薬量の増加であった。これらの開発は当初はイギリス、ドイツ、アメリカが中心となって進められた。

この開発の途中で出現したのが乾式加熱方式魚雷で、この方式のさらなる性能アップを図ったのが湿式加熱方式魚雷であった。

乾式加熱方式魚雷とは、ホワイトヘッド社の魚雷の動力源である圧搾空気方式では、常温（低温）の空気圧力をシリンダーに送り込むために絶対的に圧力は弱い。そこで圧搾空気をシリンダーに送り込む直前で加熱し、圧搾空気の潜在エネルギーを高め高圧力の圧搾空気としてシリンダーに送り込むのである。つまりホワイトヘッド式魚雷に圧搾空気加熱装置を加えたものと考えれば良いのだ。この方式の魚雷は低温圧搾空気を使用するホワイトヘッド式魚雷に比べ、シリンダーの回転力がアップし魚雷により高速力が得られるのである。

この圧搾空気加熱装置は次のような構造になっている。圧搾空気タンクから送り出された高圧空気は一旦適当に減圧され、減圧された圧搾空気は次に燃焼室に送り込まれる。燃焼室では圧搾空気に少量のアルコールあるいはケロシン等の液体燃料が霧状に噴霧される。

圧搾空気と噴霧燃料の混合気体に点火すれば気体は爆発的に燃焼し、発生した高温高圧の乾燥空気をレシプロ機関のシリンダーに送り込めば強力な回転力が得られることになる。

ホワイトヘッド社がこの方式（乾式加熱方式）の魚雷を開発したのは一九〇二年頃で、早くも翌一九〇三年（明治三十六年）にはアメリカ海軍がこの方式の魚雷を三百本も購入している。

同じ頃イギリス海軍はホワイトヘッド社からこの乾式加熱方式魚雷の製造権を取得し、双方の研究開発の結果一九〇八年（明治四十一年）には水中速力四十ノット、射程千メートル、速力二十三ノットで射程四千メートルという当時としては驚異的な性能の魚雷が開発されたのであった。そしてこの完成直後にイギリス海軍は本形式の魚雷をイギリス海軍の制式の魚雷として採用している。

ホワイトヘッド社とイギリス海軍で乾式加熱方式の驚異的性能の魚雷を開発中の一

九〇六年、オーストリア海軍の技術士官が乾式加熱方式の駆動方法に少しの改良を加え、さらなる驚異的な性能の魚雷を開発したのである。

その改良とは乾式加熱方式の加熱（燃焼）装置に清水を霧状に吹き込み水蒸気を発生させ、乾式よりもより高いエネルギーを持った水蒸気と圧搾空気がシリンダーに送り込まれるために、発生する熱エネルギーは乾式加熱エネルギーの数倍となり、機関の回転力はさらにアップし、魚雷の速力は画期的に上昇することが確認されたのである。

この方式は乾式加熱方式に対し湿式加熱方式と呼ばれることになり、加熱装置などに様々な改良が加えられ、その後の魚雷の動力源へと発展していったのである。つまり第一次大戦や第二次大戦当時使われていた魚雷の動力源の主力は湿式加熱方式魚雷であったのである。

ちなみに日本の魚雷発達史の上では、乾式加熱方式魚雷と湿式加熱方式魚雷は「熱走式魚雷」と呼ばれ、ホワイトヘッド社が当初開発した通常圧搾空気による駆動方式の魚雷は「冷走式魚雷」と呼ばれている。

日本の魚雷の開発

日本海軍が初めて魚雷を購入したのは一八八四年（明治十七年）のことであった。購入した魚雷はホワイトヘッドから製造権を得たドイツのシュヴァルツコップ社が独自に製造した魚雷であった。

この魚雷は、全長四・六メートル、直径三十六センチ、射程四百メートル、炸薬量二十一キロ、水中速力二十一ノット（時速三十九キロ）というもので、同じ頃製造されていたホワイトヘッド社の魚雷よりも、射程が長いことが特徴であったが、日本海軍は水中速力と射程がホワイトヘッド社の魚雷よりも優れていることから、シュヴァルツコップ社製の魚雷を購入したものと思われる。しかもこの時日本海軍はこの魚雷を二百本の大量注文をしているのである。そして四年後の一八八八年（明治二十一年）に、より改良されたシュヴァルツコップ社製の魚雷をさらに三百七本注文したのである。そしてこの大量の魚雷第一号が納入されたのは一八九〇年で全てが完納されたのは一九〇〇年のことである。つまり三百七本の魚雷の完納まで十年を要したことになり、当時としての魚雷の製造の難しさが窺い知れるのである。

ちなみにこれらの魚雷はいわゆる冷走式魚雷であるが、日本の魚雷の研究開発は一八八四年から始まったといえるのである。

日本海軍は最初に購入した魚雷を朱式八四式魚雷と呼び、後の注文分を朱式八八式魚雷と呼んだが、朱式八四式魚雷と八八式魚雷の最大の違いは炸薬量にあり、朱式八八式魚雷の炸薬量は八四式の二十一キロに対し、二・七倍に相当する五十六キロに増加していることであった。

日本海軍が初めて魚雷を実戦で使用したのは一八九四年（明治二十七年）の日清戦争の威海衛の夜戦である。当時の日本の魚雷の準備を考えると、この夜戦で使われた魚雷は、シュヴァルツコップ社製の朱式八四式あるいは朱式八八式魚雷であると考えて良さそうである。

日本海軍が乾式加熱装置付および湿式加熱装置付のいわゆる熱走魚雷を初めて入手したのは、一九〇五年（明治三十八年）であることから、日露戦争（明治三十七年～三十八年）の日本海海戦で使われた魚雷も、間違いなくシュヴァルツコップ社製の冷走式魚雷と考えて間違いなかろう。

日本海軍が初めて入手した熱走式魚雷はドイツのフューメ社から試験的に購入したもので、乾式加熱装置をつけた魚雷であった。そして日本海軍の技術陣は早速、この魚雷を分解し詳細にわたり調査研究の末、三八式二号B魚雷という高性能な日本最初の熱走式魚雷を短時間で完成させている。

この魚雷の仕様は次のようなものであった。

全長五・一メートル、直径四十五センチ、全重量六百四十キロ
炸薬量九十五キロ、射程四十ノットで千メートル、三十二ノットで二千メートル、二十八ノットで三千メートル

それまで実用化されていたシュヴァルツコップ社製の二種類の朱式魚雷を、一気に旧式化してしまうような性能を発揮したのである。

この魚雷の朱式魚雷との最大の違いはレシプロ機関の構造にあった。つまりそれまでの三気筒星型機関を四気筒星型機関へ強化したことであった。

その後一九一〇年（明治四十三年）にイギリスのホワイトヘッド社からフューメ社製の魚雷よりもより高性能な湿式加熱装置付の魚雷を試験的に購入しているが、この魚雷の入手により日本のその後の魚雷は全て湿式加熱装置付魚雷へと転換していった。

そして最新の湿式加熱装置付の魚雷を入手した翌年の一九一一年には、日本海軍は早くも国産の湿式加熱装置付の四四式魚雷を完成させている。この魚雷はそれまで最高の性能を持っていた三八式二号B魚雷の性能を完全に凌駕していた。

四四式魚雷の仕様は次のようなものであった。

全長六・七メートル、直径五十三センチ、全重量千二百九十キロ
炸薬量：百六十キロ、射程：三十六ノットで七千メートル、二十七ノットで一万メ

ートル

日本海軍は明治末年にして早くも世界屈指の性能をもつ魚雷を開発していたことになるのである。そして日本海軍はこれ以後外国からの魚雷の試験的購入は一切中止し、日本独自の魚雷の開発に邁進することになったのである。

その後日本海軍は湿式加熱装置付の魚雷の開発を進め、九〇式魚雷さらに九一式魚雷とより高性能な魚雷を完成させていった。なかでも九一式魚雷は航空機からの投下も可能にした魚雷として、航空作戦用の魚雷の基礎を築き上げた魚雷であった。

湿式加熱装置付の魚雷は確かに高性能の魚雷であった。しかし世界に共通する一つの弱点を持っていた。この魚雷（乾式加熱装置付魚雷も同じ）の機関出力の源になる燃焼用空気は、大気中の空気を高い圧力で圧搾した高圧空気である。しかしどのように空気を圧搾しても空気の酸素含有量は二十パーセントと限られている。つまり長い射程を得るためには圧搾された空気をより大量に魚雷の中に貯め込む必要があるのだ。つまり魚雷は限りなく巨大化してしまうという根本的な問題を持っているのである。

これを解決する唯一の方法は圧搾空気を酸素（酸素含有率百パーセント）に置き換えることである。もし従来の圧搾空気が全て酸素に置き換えられれば射程は五倍に増え、そして出力の強化により水中速力も増すはずである。また圧搾酸素の量を減らせばその分炸薬量を増やすこともできるのである。

世界の魚雷製造国はいずれもこの夢の魚雷を実現させるための研究に取り組んだのは言うに及ばない。しかし日本を除く他の国は全て酸素魚雷の開発に失敗し研究を中止した。夢の酸素魚雷を開発し実用化したのは唯一日本海軍だけであった。

日本は一九三三年(昭和八年)に開発が至難とされていた酸素魚雷の開発と実用化に成功した。この魚雷は九三式魚雷として直ちに製造が開始され、水上艦艇用と潜水艦用の魚雷が量産されだした。

酸素魚雷の開発に成功した理由は、燃焼装置への酸素の供給量の配分量を「段階的に増やす」という方法を「見つけた」ということである。

魚雷の発射に際し機関を始動させるが、この際まず通常の圧搾空気が使われ燃焼を開始し機関を駆動する。その後供給される圧搾空気の量を次第に減らし、その分次第に酸素タンクからの圧搾酸素の量を増やし、最終的には燃焼室に供給される圧搾空気は全て百パーセントの酸素に置き換わるのである。なお初動の際に圧搾空気の代わりに四塩化炭素を使う方法も講じられた。

九三式魚雷は一九三五年(昭和十年)に海軍に制式採用され、実戦部隊に全て配備されたのは一九三八年のことで、以後日本海軍の魚雷は航空魚雷を除き全てが長射程、

九三式魚雷と九五式魚雷の性能比較

型式名	直径(mm)	全長(cm)	重量(kg)	炸薬量(kg)	雷速(ノット)	射程(m)
九三式1型	610	900	2800	480	50 40	20000 30000
九三式3型	610	900	2800	780	48	15000
（始動に圧搾空気の代わりに圧搾四塩化炭素を使用）						
九五式2型	533	715	1720	550	48 40	5000 9000

注：九五式魚雷は潜水艦用酸素魚雷

高速力、高爆発力の九三式魚雷および改良型の九五式魚雷に置き換わっている。

別表に日本海軍の九三式魚雷と九五式魚雷の性能比較表を、また別表に他国の魚雷の性能を示すが、日本海軍の酸素魚雷の性能が際立っているのが理解できよう。

もう一つ酸素魚雷の性能以外の際立った特徴は魚雷が水中を進む際に特徴的な航跡を残さないことである。魚雷の走行に際して燃焼に使われる圧搾空気は、その全体量の二十パーセントの酸素しか使われず残りの八十パーセントの窒素は気体として水中に拡散される。この大量に拡散された水に解けない窒素が白い泡として魚雷の航跡となって残るのである。

一方、酸素魚雷の場合は酸素の全てが燃焼に必要な炭素と結びつき、放出されるガスは二酸化炭素（炭酸ガス）だけである。この炭酸ガスは水に極めて解けやすく、放出された二酸化炭素の泡は海水に吸収されてしまうた

第二次大戦時の各国海軍の現有魚雷性能比較

国名	直径(mm)	炸薬量(kg)	雷速(ノット)	射程(m)	備考
日本	610	480	50 40 36	20000 30000 40000	九三式1型（酸素）
	610	780	48	15000	九三式3型（酸素）
	533	550	48 40	5000 9000	九五式2型（酸素） 潜水艦用
アメリカ	533	300	43 32	4000 8000	過熱空気式
イギリス	533	320	46 30	3000 10000	過熱空気式
ドイツ	533	300	44 30	6000 14000	過熱空気式

め、酸素魚雷はほとんど魚雷特有の航跡を残さないのである。つまり酸素魚雷は、性能以外に「いつどこから撃ち出された魚雷か分からない魚雷に、いつのまにか撃沈されている」という際立った特徴を持っていることである。

九三式三号魚雷は直径が六十一センチもあるがこれは世界最大直径の魚雷である。それだけに装填されている炸薬量も七百八十キロと世界の常識的な魚雷の二倍である。また射程は五十ノットで二万メートル、三十六ノットで四万メートルという信じ難い性能であり、まさに驚異的性能を持った魚雷であったのだ。

魚雷の発射設備

魚雷を目標に向けて発射するには相応の装置が必要である。初期の魚雷は小型艇（水雷艇）の両舷側の甲板上の受台に魚雷を各一本ずつ装備し、発射の際には機関を始動させスクリューが回転を始めた魚雷を受台から投下する方式で発射された。

しかしこの方法の欠点は走行する艇自体の進行方向が目標と正確に正対している必要があり、目標に照準を合わせることの難しさがあった。日清戦争や日露戦争当時の日本海軍の魚雷発射方法はまさにこの方法で、それだけに命中率の低下は否めなかったのである。

この問題は世界共通であった。しかしその後様々な研究と開発が行なわれ、水上艦艇用の魚雷発射装置が開発され、潜水艦からの魚雷発射メカニズムも開発され、究極ともいえる航空機からの魚雷発射も可能になったのである。

魚雷の発射装置については魚雷が開発された早い時期からすでに研究開発が行なわれていた。そしてイギリス、ドイツ、アメリカ各海軍では艦艇に装備する魚雷発射管の試作が始まっていたが、その発射原理はいずれも火薬で魚雷を発射する方法であった。

つまり魚雷を収容する筒状の発射管を用意し、その尾端に大砲のように魚雷を射出するだけの力を出す薬莢を填め込み、火薬の爆発力で魚雷を射出する方法であった。

しかし火薬射出方式は特に尾端を中心に発射管の構造を強化することが必要とされること、また夜間の発射に際しては、発射炎が敵に対し味方の所在を暴露する懸念もあり、魚雷の火薬発射方式は早いうちに消え、以後は圧搾空気により発射する方式が集中的に研究されるようになった。

魚雷の圧搾空気による発射方式は世界の海軍に広く採用されることになり、水上艦艇用の魚雷発射管や潜水艦の魚雷発射管については各国独自に発射装置が考え出されて行くことになった。ただ基本的にはいずれの海軍の魚雷発射管についても大きな違いはない。

日本海軍の場合、日清戦争で初めて海戦で魚雷が使われたが、この時には小型の水雷艇がすでに配置されていた。そしてこれら水雷艇は艇首に単装の魚雷発射管を一基、両舷側に魚雷を「投下」する投下器が各一基装備されていた。しかしこの時艇首に装備されていた魚雷発射管については、どのような構造のものであったのか、詳細はわかっていない。それればかりかその後の日露戦争から大正時代にかけての日本海軍の魚雷発射装置についても、その詳細の構造は不明なのである。その理由は太平洋戦争終結当時多くの軍機密関係の書類や資料が焼却されたことや海軍の資料室の火災などで失われたのであった。

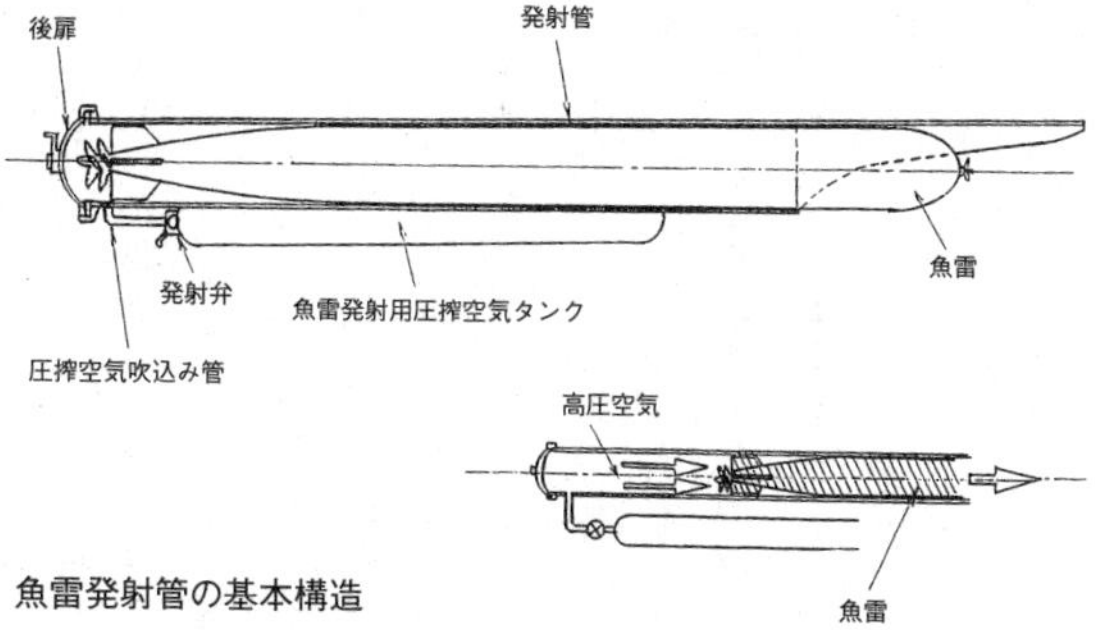

魚雷発射管の基本構造

その後の水上艦艇で広く採用された魚雷発射管は構造は極めて簡単で、別図のように魚雷を収容する（全長を収容する必要はない）筒が用意され、この中に魚雷を収容し、尾端に圧搾空気を送り込む装置が取り付けられているという簡単な装置になっている。そして目標に向かって発射する際には発射管を予想目標位置に向けて回転させ、発射の号令とともに圧搾空気が発射管の尾端に送り込まれ、魚雷は舷側の外に放り出されるのである。

魚雷は目標の近くまで飛翔させる必要はなく、舷側の海面までの十メートル前後飛び出すことができれば良く、海中に潜った魚雷はその後自動的に目標に向けて定められた水深を直進して行くのである。

当初の魚雷発射管は魚雷艇や駆逐艦の中心線上の甲板に一基あるいは二基装備されていたが、その後より攻撃力を増すために発射管を並列に三連装あるいは四連装の構造で配置する方法が採用され、第二次大戦に参加した各国の水雷艇や駆逐艦は三連装あるいは四連装が一般的となり、なかには五連装という多連装発射管も現われた。日本海軍の駆逐艦「島風」（二代目）は五連装発射管を三基も搭載し、魚雷戦においては世界最強の駆逐艦の位置にあった。

魚雷発射管の数はその艦艇の魚雷戦における優劣を決することにもなり、魚雷発射管をどのような艦艇にどのように配置するかは、一九一〇年代から一九二〇年代の世界の海軍の艦艇の課題となっていた。

当初は戦艦にまで吃水線下の舷側に魚雷発射管を配置する傾向が強かった。しかし戦艦に魚雷発射管を、それも定位置に配置された発射管は実戦向けの装置とはならず、戦艦への魚雷発射管の配置は急速に消えることになった。ただ唯一近代的戦艦として魚雷発射管を配置し実戦に投入された戦艦がある。一九三〇年代初めに完成したドイツのいわゆるポケット戦艦（設計目的は装甲艦。基準排水量一万一千七百トン、二十八センチ三連装主砲二基）ドイチュラント級三隻である。この艦は艦尾の両舷側に四連装魚雷発射管各一基を装備していた。

魚雷発射管の配置はその後、巡洋艦、駆逐艦、水雷艇（小型駆逐艦）に装備されることが一般的となり、なかにはアメリカの重巡洋艦のように魚雷発射管を全く装備しない巡洋艦も現われている。

日本海軍の場合は巡洋艦、駆逐艦、水雷艇に魚雷発射管を搭載し攻撃力を高めることに努めた。特に駆逐艦にはできるだけ多くの発射管と魚雷を搭載することに力が注がれることになった。その目的は軽巡洋艦を旗艦として、六〜八隻で編成された駆逐隊を二〜三隊指揮下に配置した水雷戦隊を多数編成し、海戦を前にして敵主力艦隊に対しこれら水雷戦隊を突撃させ、多数の魚雷

日本海軍61センチ四連装
魚雷発射管外型図

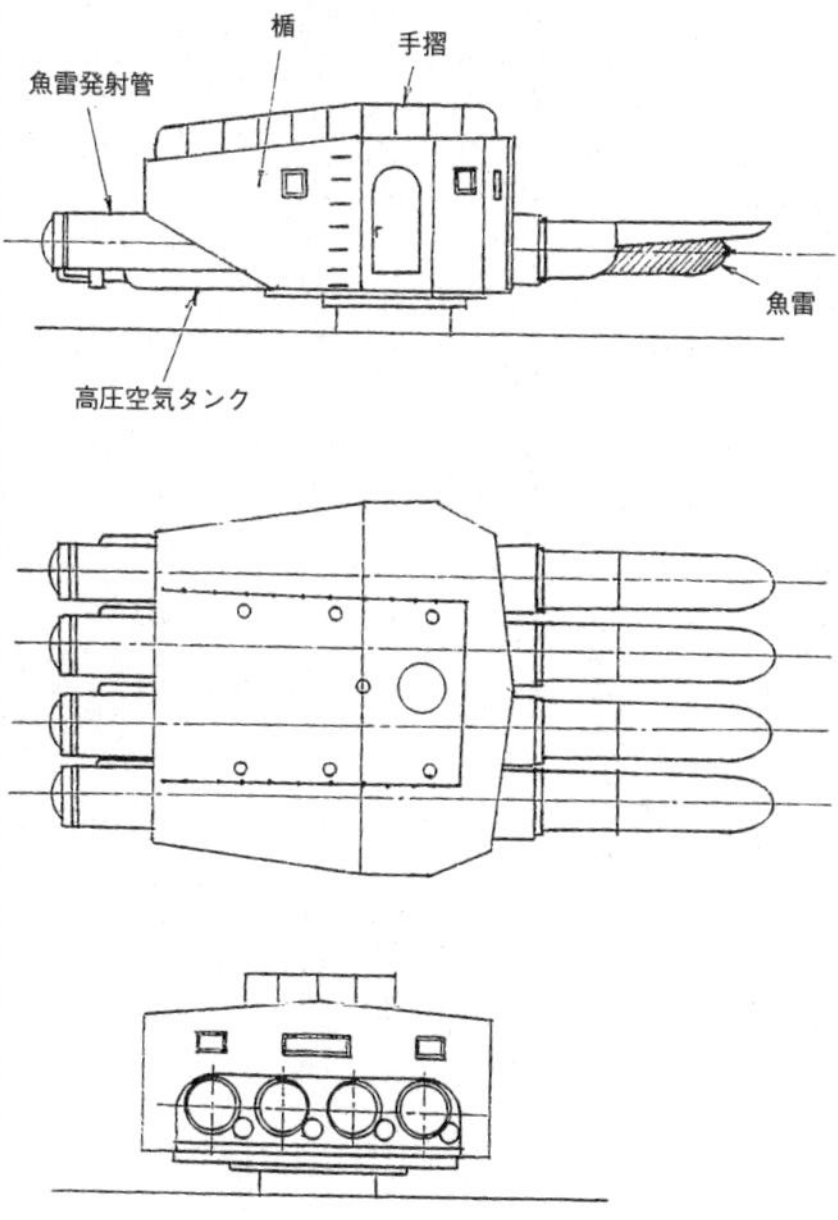

の斉射で敵艦隊の戦闘能力を減殺し、そこに味方主力艦隊が突入し雌雄を決する、という戦法を重視したためであった。

この日本独特の強力な水雷戦隊の構築も、世界の魚雷を凌駕する長射程、高速力、強大な破壊力を持つ九三式酸素魚雷の出現あったればこその構想なのであった。

太平洋戦争で活躍した日本海軍の駆逐艦は、三連装魚雷発射管三基あるいは四連装魚雷発射管二基の装備が基本で、それぞれ直ちに装填が可能な予備の魚雷を発射管の数だけ搭載していた。つまり魚雷を十六射あるいは十八射することができたのである。これは世界でも最強の魚雷攻撃力であった。

日本海軍の重巡洋艦の場合は、三連装魚雷発射管を四基と次発装填用の予備魚雷を同数ずつ装備することが多く、強力な魚雷戦力を持っていたのであった。

別図に日本海軍で多用された六十一センチ四連装魚雷発射管の概念図を示す。

次に潜水艦用の魚雷発射管であるが、潜水艦の場合は魚雷の発射は水中で潜航中に行なわれるために、魚雷の発射機構は水上艦艇用の魚雷発射管とは大きく違っている。ただ同じなのは魚雷を艦外に押し出す力は圧搾空気であることである。

別図に潜水艦の魚雷発射管の機能を示すが、第一次大戦当時と第二次大戦当時の潜水艦の魚雷発射管の機能については基本的に同じである。

潜水艦の魚雷発射管の作動メカニズム

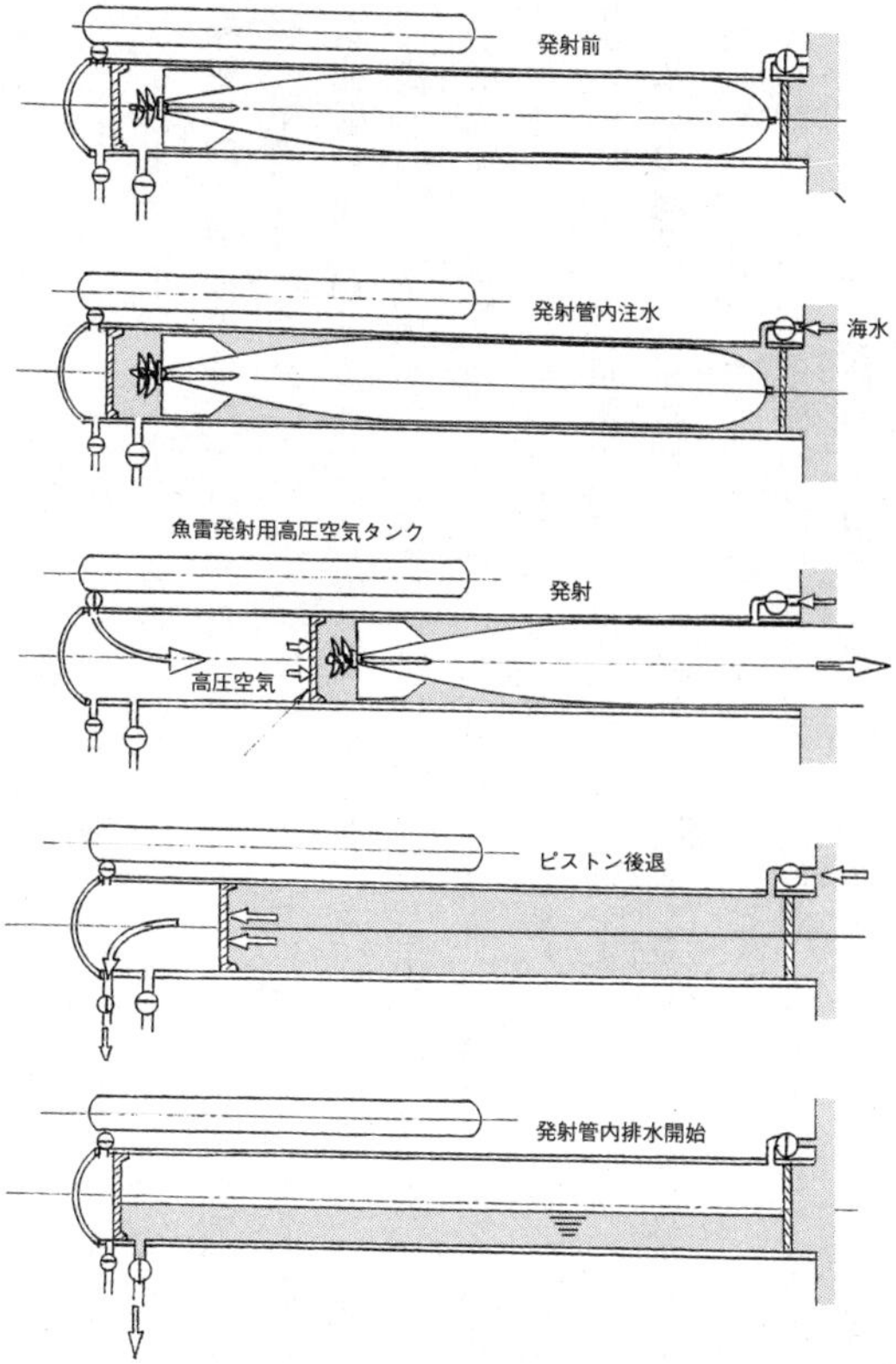

構造機能は比較的簡単である。

潜水艦の魚雷発射管は艦首の両舷側に縦に二列あるいは三列配置されている（一隻の魚雷発射管の数は四基あるいは六基となる）。魚雷発射管の前部は発射管の中に常時海水が侵入しないように小型の水密扉が装備されている。

魚雷の発射に際しては前扉が閉ざされた発射管の中に魚雷を装填し後部の扉を閉じる。発射管の尾端には圧搾空気タンクから圧搾空気が送り込まれる配管が配置されている。魚雷発射の命令が下ると発射管の前扉が開かれ、魚雷発射の号令と同時に発射管の尾端に高圧の圧搾空気が送り込まれ魚雷は前方に押し出される。その後はすでに推進器の回転している魚雷は潜水艦を後にして目標に向かって直進するのである。

魚雷が発射されると再び発射管の前扉は閉ざされ、発射管の中に侵入した海水を排出し内部を空洞にして次の魚雷の発射の準備を整えるのである。

魚雷の究極の発射装置は航空機である。航空機に魚雷を搭載し敵艦を攻撃しようという発想は一九一〇年頃にイギリスで考えられていた。

イギリス海軍は一九一二年に初飛行したイギリスのショート社製のショート184水上偵察機に、ホワイトヘッド社製の魚雷を搭載し一九一四年から飛行機による雷撃の試験を繰り返していた。

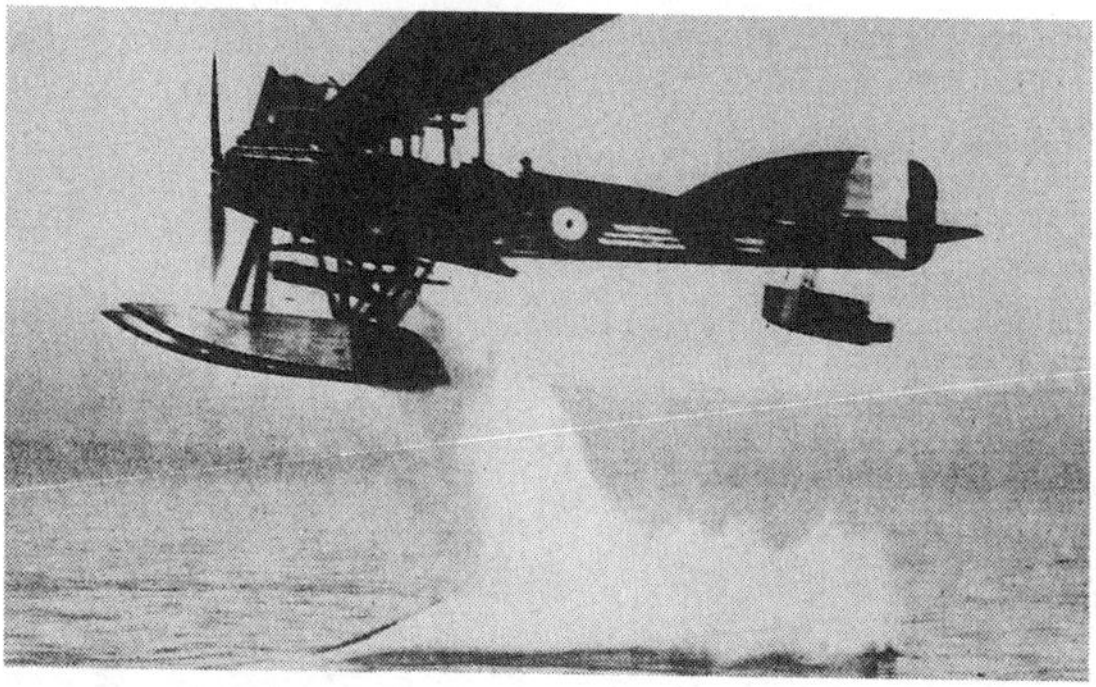
ショート184水上偵察機の雷撃実験

一九一五年八月十二日、直径三十五センチのホワイトヘッド社製の冷走魚雷を搭載した一機のショート184水上偵察機が、ダーダネルス海峡でトルコ商船（貨物船）に対し魚雷攻撃を行なった。魚雷は見事に目標の商船に命中し、これを撃沈したのである。世界最初の航空機による魚雷攻撃であるとともに、最初の航空魚雷による損害となった。

この時の魚雷の投下高度は五メートル、飛行速度は時速約九十キロ、投下した位置は目標の約二百七十メートルとされている。ちなみにショート184水上偵察機の最高速力は時速百二十五キロ、爆弾搭載量は二百三十五キロである。

航空雷撃の研究はこの実例が直ちに世界の主要海軍国に伝わり、アメリカ、ドイツ、イタリア、日本が航空魚雷の研究に取りかかった。

日本では早くも翌年の一九一六年（大正五年）に

ショート184水上偵察機一機を輸入している。そしてこの機体を使い、すでに大量に輸入していたホワイトヘッド社製の冷走魚雷による魚雷投下実験を開始した。

日本海軍は一九一八年にはより高性能なショート320水上偵察機をイギリスから輸入し、本機による航空魚雷の研究を横須賀（追浜）海軍航空隊基地で開始した。この頃には投下する魚雷は直径三十六センチの乾式加熱式魚雷に変えており、実験は良好な成績で進められた。

その後一九二一年（大正十年）にイギリスからソッピース・クックーMk2型艦上雷撃機六機を輸入し、イギリスから招いた航空教育団の下で本格的な雷撃訓練が開始された。

この年にはさらにブラックバーン・スイフト艦上雷撃機も試験輸入しており、航空雷撃試験は霞ヶ浦海軍航空基地で続けられた。

この時の航空雷撃訓練の結果、当時の航空雷撃の基準は、魚雷投下時の機体の速力は時速九十～九十三キロ、魚雷投下高度は五～六メートルと定められている。

その後、日本海軍は独自の雷撃機の試作や生産を開始し、十年式（大正十年制式採用）艦上雷撃機を始めとして、十三年式艦上攻撃機で日本の雷撃機の基本が築かれ、一九二二年（大正十一年）に建造された日本最初の航空母艦「鳳翔」（基準排水量七千

日本海軍艦上雷撃機「天山」

四百七十トン）での実用訓練を開始した。

以後日本の艦上雷撃機の発達はめざましく、航空雷撃は日本のお家芸とまで称されるほどの発達を見せた。太平洋戦争中頃に登場した艦上雷撃機「天山」は、最高速力四百九十キロを発揮し、同じ時代の世界の艦上攻撃機の中でも抜きんでた性能の機体であった。

航空機用魚雷も様々な改良が加えられ、太平洋戦争中の日本海軍の主力として使われた九一式三型魚雷は全長五・三メートル、直径四十六センチ、全重量八百四十キロ、炸薬量二百三十五キロ、最大射程は雷速四十二ノット（時速七十八キロ）で二千メートルであった。

この魚雷の駆動方式は湿式加熱方式で、最高投下許容高度二百メートル、投下時の機体の許容速度は時速四百五十四キロという極めて高性能な魚雷であった。

この九一式航空魚雷の最強のタイプは双発大型攻撃機が搭載を専用とする大型魚雷で、全重量千六十キロ、炸薬量四百二十キロ、雷速四十一ノットでの射程は千五百メートルというもので、その破壊力は九一式三型魚雷の二倍近かったのである。

日清・日露両戦争当時の魚雷戦

ホワイトヘッドが魚雷を試作した一八六四年から二年後にアドリア海で起きたリッサの海戦（イタリア対オーストリア・ハンガリー帝国海軍の間で戦われた海戦）以後、約三十年後に東洋の片隅で日清戦争の海戦が展開されるまで、世界には海戦らしい海戦はなかった。

ところがこの日清戦争の海戦とそれから十年後に起きた日露戦争の海戦は、その後の世界の艦艇の武装（砲や砲弾や装甲板等）や戦闘方法に様々な教訓を残すことになった。なかでも世界の海軍に残した教訓として大きな話題となったものに機雷戦と魚雷戦があった。

日清・日露両戦争で得られた艦載の速射砲の有効性、徹甲弾の有効性、防弾鋼板の一層の開発の必要性、艦載砲の射撃指揮のあり方等は、世界の海軍の今後の発達に大きな提言となったが、中でも世界に衝撃を与えたのが機雷の効果と共に魚雷戦の有効性であった。

世界で初めて海戦で魚雷が本格的に使われたのは日清戦争の時の威海衛の戦いであった。一八九五年（明治二十八年）二月五日の未明、日本海軍の水雷戦隊が中国北部の山東半島にある清国海軍北洋艦隊の基地威海衛湾内に突入した。この時湾内には清国北洋艦隊の装甲艦など二十隻が停泊していた。

この時日本の二つの水雷戦隊のうち一隊が湾内に侵入し、暗がりの中に浮かぶ艦艇らしき姿に対し距離およそ百メートルで各艇二本の魚雷を発射した。

水雷艇は魚雷を発射すると直ちに湾外に待避したが、この間に暗夜の中に一つの爆発を確認した。翌日早朝に主力艦の一隻である戦艦「定遠」が海岸に座州している姿が日本側から望見されたが、魚雷の効果と判定するには確信がなかった。

水雷戦隊は翌六日の未明にも四隻で再び威海衛湾に突入し、暗夜の中で確認できた艦影に向けて至近距離から魚雷八本を発射し直ちに湾外に脱出したが、この攻撃で装甲艦「来遠」が浸水により転覆し、同じく装甲艦「威遠」と「実筏」が爆発轟沈した。清国海軍にとってはまだ見ぬ魚雷の攻撃で、主力艦三隻までを一気に失ったことはまさに脅威であり恐怖であった。

この戦闘で使われた魚雷は日本海軍がシュヴァルツコップ社から購入した、当時としては最新式の冷走式魚雷の朱式八八魚雷であったことに間違いはなさそうである。この海戦で使われた水雷艇はフランスで建造されたノルマン型水雷艇（基準排水量八十トン、最高速力十九・八ノット、単装旋回魚雷発射管二基、艇首固定式発射管一基、四十七ミリ速射砲一門）であった。

次に魚雷が実戦で使われたのはこの時より十年後に勃発した日露戦争の日本海海戦の時である。一九〇五年五月二十七日に対馬海峡で展開された日露双方の主力艦同士の戦闘では、戦闘開始直後から日本艦隊の圧倒的な砲戦力の下に、ロシアのバルチック艦隊は主力艦を次々に失い、ロシア艦隊は四分五裂の状態になり、生き残った各艦はウラジオストックをめざして進んだが、日本艦隊の追撃を受け次々と撃沈・撃破されあるいは捕獲された。

夜間に入ると日本の駆逐艦と水雷艇が残存するバルチック艦隊を追撃し魚雷戦を展開した。午後七時過ぎ、日本の水雷艇隊は戦艦スヴォーロフに接近し、距離二百五十～三百メートルで十八インチ（四十六センチ）魚雷七本を発射した。魚雷は二発（一部には三発とも）が命中し、同艦は撃沈された。

この雷撃戦には水雷艇十七隻と駆逐艦十三隻が加わり、十八インチ（四十六センチ）魚雷二十三本と十四インチ（三十六センチ）魚雷三十一本の合計五十四本が発射された。

魚雷の発射距離は百八十〜六百メートルで、射程一杯に近いものもあったが、発射された五十四本中六本が目標に命中している。

至近距離での発射ながら命中率が低いのは、当時の魚雷の完成度が低いことを示すと判断できる。つまり直進性能の不良、深度調整装置の不良、信管の作動不良、あるいは推進機関の停止もあった可能性がある。

魚雷戦の総合戦果は戦艦スヴォーロフ撃沈、戦艦ナヴァリン撃沈、装甲巡洋艦アドミラル・ナヒモフ撃沈、戦艦シソイ・ヴェリキー大破であった。つまり炸薬量の少ない少数の魚雷命中による戦果としては特筆に値するものであるが、その原因としては、当時の戦艦は水面下の装甲は無きにひとしく、また吃水線下の隔壁の設置など艦内の防水対策の完成度は低く、水面下の浸水は防ぐこと自体困難で、容易に沈没してしまったと考えるべきなのである。

この魚雷戦が展開された当日の海象は荒天気味で、小型の水雷艇（八十〜百五十トン）では激しい動揺の中での魚雷発射でもあり、この荒天も魚雷命中率の低下を招いた原因であったかも知れないのだ。

日本海海戦当時は水雷艇の戦闘序列や戦闘行動というものはまだ十分に確立されていなかったことや、海戦自体が追撃戦の乱戦状態であったために、計画的な魚雷戦の戦闘計画がないままに、各艦艇の独自の攻撃が展開され、より強力な魚雷戦ができなかったという一面はあるが、世界最初の本格的な魚雷戦として記録されるものである。

なおこの海戦で使われた魚雷については、一部にドイツのフューメ社の熱走式魚雷も使われたのではないかとの説もあるが、このフューメ社製の乾式加熱魚雷が日本の手に入ったのは一九〇五年（明治三十八年）のことで、入手の時期も戦争の末期で試験的に少数が入手されたものであるために、この魚雷が実戦で使われたことには大きな疑問が生まれる。

日本海海戦以降、日本海軍は魚雷戦の重要性は認識したものの、この頃は魚雷の性能向上（開発）の時期とも重なり、より強力な魚雷戦を遂行するための戦隊の編成確立（後の水雷戦隊）までには今少しの時間が必要であった。

第一次大戦と魚雷戦

第一次大戦では水上艦艇同士の戦いとしては、ドッガーバンクの海戦やユトランド沖海戦が有名であるが、これらの海戦は砲撃戦が主体で、ユトランド沖海戦で後半に多少の魚雷戦が展開された程度であった。

しかし魚雷の戦いとしては全く予想外の潜水艦による魚雷戦が展開され、魚雷の恐怖が一気に連合軍側を支配することになったのである。戦争の勃発一年後頃から、ドイツ海軍は潜水艦による連合軍側商船の魚雷攻撃を展開した。当初は中立国を除くイギリスおよびイギリス連邦所属の商船の警告攻撃を展開していたが、後には完全な無制限攻撃が展開されることになり、被害は枢軸国側以外のあらゆる国籍の商船に波及したのである。

第一次大戦におけるドイツ潜水艦による連合国と中立国商船の損害は実に三千隻以上、千三百万総トンに達した。

第一次大戦中のドイツ潜水艦部隊は、主にイギリス本島を中心とした北大西洋東部や中部大西洋と地中海であった。大西洋はイギリスやフランス、ベルギーやポルトガルなどの連合国に送り込まれる様々な工業原料、生活物資や戦争資材を輸送する連合国側の商船の重要な交通路であり、また西ヨーロッパへ向かう連合国側の国々や中立国の定期客船の交通路で、これらの商船はことごとくドイツ潜水艦の標的であった。

一方、地中海ではフランス、イギリス、イタリアなどからギリシャやアフリカあるいはガリポリ作戦に関連する連合国側の無数の輸送船がドイツ潜水艦の標的となった。

地中海でのドイツ潜水艦の輸送船団の攻撃は当初の予想を大きく上回る激しいものとなり、一九一七年には日英同盟に則りイギリスの要請により、参戦国の日本海軍の艦隊を船団護衛を目的に派遣するまでに至ったのである。

この時日本海軍は第二特務艦隊（巡洋艦三隻、補給艦一隻、駆逐艦八隻＝後に十二隻）を編成し、一九一七年四月から翌年の十一月（第一次大戦停戦）まで、地中海での連合軍側の輸送船および輸送船団の護衛の任務に当たった。

たしかに地中海は魔の海であった。第二特務艦隊が派遣されていた一九一七年四月から翌年の十月までの一年九ヵ月の間に、地中海方面でドイツ潜水艦の雷撃で失われた連合軍商船の数は合計四百十二隻、百四十八万六千総トンに達した。

ドイツ海軍はイタリア半島東部に広がるアドリア海に面したオーストリア・ハンガリー帝国の海岸や、トルコやブルガリア帝国に面した海岸にドイツ潜水艦の秘密基地を設けており、ここにドイツ潜水艦三十一隻（他にオーストリア・ハンガリー帝国海軍の潜水艦十四隻）を配置し、連合軍側の輸送船の撃滅に活動していたのであった。

日本海軍の第二特務艦隊は地中海中央部に位置するマルタ島を拠点に、八隻の駆逐艦（後に十二隻）で連合軍側の単独航行の輸送船や輸送船団の護衛を行なった。この間に護衛した輸送船の数は七百八十八隻、輸送した将兵は約七十万人に達した。そしてこの間にドイツ潜水艦との直接戦闘（主に爆雷攻撃）は三十回戦われ、その中の七回については爆雷攻撃によって敵潜水艦に相当な損害を与えたものと判断されている。しかし確実に撃沈したとされる潜水艦は三隻にとどまっており、他は不確実あるいは撃破の可能性ありとするものばかりで、それも確認されたわけではなかった。

第一次大戦でドイツ海軍が使用した魚雷は、シュヴァルツコップ社とフューメ社が開発した湿式加熱式魚雷とされているが、これらの魚雷の性能に関する詳細なデータについては不明な部分が多い。ただ日本海軍ではこの両社の最新の魚雷をすでに購入し、これに改良を加え四四式（明治四十四年・一九一一年。第一次大戦は一九一四年勃発）魚雷として同じ頃実用化している。つまりドイツ海軍が第一次大戦で使用した魚雷は、四四式魚雷に近似のものと見ることができる。ちなみに四四式二号魚雷の性能は次の通りであった。

全長五・四メートル、直径四十六センチ、全重量七百十九キロ
炸薬量百十キロ、射程：三十六ノットで四千メートル
推進機関：湿式加熱式星型四気筒エンジン

つまり当時の潜水艦用魚雷としては最も理想的な性能の魚雷であったはずである。
大西洋においても地中海においてもドイツ潜水艦の攻撃を最も激しく受けたのは貨

物船であり、他に貨客船や客船であった。この中でも客船は一度に大量の兵員を輸送できるために（一万総トン級で五千〜六千名）兵員輸送船としては理想的であり、それだけに狙われやすく損害も多かったのである。

次にドイツ潜水艦による客船撃沈の実例について紹介をしておく。

その1　イギリス客船ルシタニア号の撃沈事件

この撃沈事件は第一次大戦のドイツ潜水艦による客船撃沈としては最も有名であり、この結果が連合軍側にこの戦争でのアメリカの参戦を促すきっかけともなったとされるほどの重大な出来事であった。

ニューヨーク港を出港しイギリスのリバプール港に向かっていたイギリスの大西洋航路の定期客船ルシタニア号（三万一千五百五十総トン、最高速力二十六ノット）は、リバプール到着を目前にした一九一五年五月七日、アイルランド島の南岸沖でドイツ潜水艦が発射したたった一本の魚雷の命中で大爆発を起こし、わずか二十分で沈没した。

この船には軍関係の乗船者はおらず全て民間人であった。沈没により失われた命は乗客と乗組員合計千百九十八名で、生存者は七百六十一名であった。

イギリス客船ルシタニア号

実はこの船には民間のアメリカ人乗客が四百名乗船しており、その中の百二十名が命を失ったのである。この事実はアメリカにとっては大きな衝撃であった。それまでこの戦争に中立を守っていたアメリカ国内では、この事件でアメリカ国民の怒りが一気に爆発することになり、結果的には一九一七年のアメリカの参戦へとつながっていったのである。

実はこのルシタニア号の撃沈事件の直前に、アメリカ国内ではアメリカ駐在のニューヨークのドイツ領事館からアメリカの新聞に対し警告文を出していたのである。そしてこの警告文はルシタニア号の出港の前日にはニューヨークの主だった新聞に次のような内容で掲載されていたのである。「大西洋はもはや安全な海ではない。大西洋を航行する船舶（この場合は客船を指す）は中立国の船であっても、ドイツ側の攻撃を受ける危険性があり、航行船舶の安全は保証されることはない」。この警告文は暗にルシタニア号の航海に対する警告文とも受け取れたのである。しかし船主であるキュナード社は警告文を無視してルシタニア号を予定通り出港させたのであった。

五月七日、ルシタニア号はリバプール港に接近するための予定航路として、セント・ジョージ海峡からアイリッシュ海への最短の航路を航行していた。このときセント・ジョージ海峡の客船航路の付近には一隻のドイツ潜水艦が待機していた。

この潜水艦はU20潜水艦で艦長はシュヴェイガー海軍大尉であった。ルシタニア号は当時のイギリスを代表する高速大型豪華客船で、ルシタニア号と共に有名な姉妹船のモーリタニア号と共に北大西洋航路横断の記録保持者（ブルーリボン・ホルダー）であったのである。

高速力で航行する船を潜航中の潜水艦が魚雷を命中させることは至難の技であった。二十ノットの高速で進むルシタニア号に対し、シュヴェイガー艦長は距離七百メートルから一本の魚雷を発射した。そして奇跡的に命中したのである。

魚雷はルシタニア号の右舷前部、船橋後部の第一煙突の位置にあたる吃水線下の舷側に命中した。そして魚雷命中の爆発の直後に、第一煙突直下のボイラー室前部で第二の爆発が起きた。この爆発は一番目の魚雷の爆発よりも格段に規模が大きかった。

第二の爆発の直後からルシタニア号の巨大な船体は船首右舷前部を下にして急速に

沈み始めた。そして爆発後二十分でルシタニア号は沈没した。

炸薬量わずか百キロ強の魚雷一本の命中で巨大なルシタニア号が簡単に沈没するこ とは、本来は有り得ないことと考えられていた。沈没の直接の原因は魚雷の命中直後に起きた第二の大規模な爆発と考えられるのは当然であった。

結局この爆発の原因は不明のままであったが、近年になり沈没したルシタニア号の残骸のロボット潜水艦の調査の結果を含めて推察すると、この爆発はボイラー室前部の石炭庫内の粉塵が、魚雷の命中によって誘爆したものではないかと考えられるようになっている。大西洋横断も終着に近い頃には石炭庫は空に近い状態で、庫内は微細な炭塵で充満しており、わずかの火種の存在で大規模な爆発が起きても不思議ではない状態になっていた、と想定されるのである。石炭庫の爆発で船体の右舷吃水線下の舷側は大きく破壊され、急速な浸水でルシタニア号は沈没したらしいのだ。一発の魚雷の命中が引き起こした予想外の被害であった。

その2　軍隊輸送船ガリア号撃沈事件
この沈没事件は第一次大戦中最悪の人的損害を出した潜水艦による撃沈事件である。
ガリア号はフランスの南米航路用の客船で、総トン数は一万四千九百九十六トン、

フランス客船ガリア号

最高速力は二十ノットの優秀な客船であった。第一次大戦の勃発と共にガリア号はフランス政府に徴用され軍隊輸送船として使われることになり、主に地中海を舞台にフランスのマルセーユ港からアフリカやギリシャ方面への軍隊輸送に使われていた。

一九一六年十月四日の早朝、ガリア号は地中海のサルディニア島の西方沖合を航行中に、ドイツ潜水艦U35の魚雷二本の命中を受けて沈没した。この時ガリア号には一隻の護衛艦艇も付いておらず全くの単独航行中であった。

ガリア号にはこの時、フランスとセルビアの陸軍将兵二千七百名と乗組員三百名の合計三千名が乗船しており、目的地はギリシャのサロニカであった。同船は比較的高速船であったために、この時護衛艦艇の不足からあえて護衛艦艇を付けなかったのであった。

ガリア号の左舷前部に二発の魚雷がたて続けに命中し爆発した。魚雷二発の同時命中の衝撃は大きかった。この爆発の衝撃でガリア号の通信設備の全てが破壊され、救難信号を打電することができなかったのだ。

決定的な致命傷を受けたガリア号は、全ての救命艇を降下する時間もなくたちまち沈没してしまった。

この雷撃で三千名の乗船者の中の千六百三十八名が犠牲となった。残りの乗船者は翌日偶然に付近を通りかかったフランス海軍の巡洋艦によって救助されたが、これ以後どのような高速船であろうとも単独航海は許されず、護衛の艦艇が随伴することになったのである。

その3　日本客船のドイツ潜水艦による被害

日本は第一次大戦では連合国側に属しドイツとは敵対関係にあったために、何隻かの商船がドイツ潜水艦の雷撃の犠牲になっている。

第一次大戦中でも日本の海運会社（日本郵船社）は、日本とロンドンの間に不定期ながら客船を配船していた。

一九一五年十二月二十一日、同社の貨客船八坂丸（一万九百三十二総トン）が、地中海のポートサイド沖合でドイツ潜水艦の雷撃を受け沈没した。この時は乗船者の避

客船平野丸

難が早く人的犠牲者はなかった。
一九一七年五月三十一日、同社の貨客船宮崎丸（八千五百二十四総トン）が、イギリス南西部のシリー諸島沖合でドイツ潜水艦の雷撃を受けて沈没した。この時も幸いに乗船者には被害は出なかった。
第一次大戦も幕引きまぢかの一九一八年十月四日、日本郵船社の平野丸（八千五百二十一総トン）がアイルランド島南岸沖合でドイツ潜水艦の雷撃を受けた。この時は天候が荒天気味であったこともあり、合計三百二十名の乗船者中二百九十二名が犠牲となるという最悪の事態となった。

その4　魚雷攻撃の珍記録

一九一八年七月二十日、イギリスの大型客船（軍隊輸送船）ジャスティシア号（三万二千二百三十四総トン）が、アイリッシュ海北方の大西洋の出入り口付近でドイツ潜水艦二隻による交互雷撃を受け沈没した。

ジャスティシア号は第一次大戦に突入したとき、イギリスで建造中のオランダの客船スタッテンダム号であった。しかし建造途中でイギリス政府に買収され、軍隊輸送船として使われることになり、一九一七年四月に客船の姿はしていないながら内部は完全な軍隊輸送船ジャスティシア号として完成した。この船は三万総トンクラスの大型船で、一度に輸送される将兵は五千名〜八千名の規模で、早速イギリス軍陸軍部隊の地中海東部方面への軍隊輸送に使われることになった。

その最中の一九一八年七月、ジャスティシア号はアメリカ陸軍部隊をヨーロッパ戦線に輸送するためにニューヨークへ向かうことになった。七月二十日に同号はアイリッシュ海を大西洋への出口であるノース海峡に向かっていた。同号がノース海峡の出口に位置するアイレイ島の西沖合に達した時、ドイツ潜水艦ＵＢ64とＵＢ124に交互の雷撃を受けた。

六時間にもわたる攻撃の中でジャスティシア号は両潜水艦の魚雷七発を受けたのであった。ジャスティシア号には護衛の艦艇は随伴しておらず、魚雷の命中で浸水が始まり、攻撃をかわしながらリバプール港へ戻ろうとしたが、敵潜水艦の攻撃は執拗で、先回りされながら一方的な雷撃を受けていたのであった。

ところが次々と魚雷が命中しながらジャスティシア号の被害は予想外に少なく、直ちに沈没する気配はなく、船長は十分にリバプールへ到着するまで同号は持つであろうと判断していた。大型客船の強みであった。

しかしことは予想通りには進まなかった。六本目と七本目の魚雷の命中はそれまでの命中魚雷よりもはるかに衝撃が大きく、大きな破口からはそれまでの数倍の勢いで浸水が始まっていた。ジャスティシア号は持ちこたえることができず、ついにノース海峡で沈没してしまった。

両大戦を通じ七本もの魚雷が命中し、しかも全てが爆発しながら容易に沈まなかった商船はこのジャスティシア号以外には存在しない。当時の魚雷の炸薬量は百〜百五十キロと第二次大戦時の魚雷の炸薬量に比べ少ないことはあるが、それでも七本の魚雷の命中は珍記録に値するものであった。

太平洋戦争中にも魚雷の命中に関する変わった話がある。日本の特設油槽船第三図南丸（二万総トンに近い捕鯨母船であったが、大容量の鯨油タンクが重宝され石油輸送に使われていた）が、一隻のアメリカ潜水艦から十一本もの魚雷の命中を受けながら、トラック諸島の拠点基地までたどり着いたという珍記録がある。

実はこの話には落ちがあったのだ。この時命中した魚雷のうち十本までが不発で、最後の十一本目が爆発し、第三図南丸は浸水しながら基地にたどり着いているのであ

ジャスティシア号

る。その後の潜水班の調査では、不発の十本の魚雷は全て吃水線下の舷側に突き刺さったままであったそうである。まるで花魁《おいらん》のカンザシのような姿は、基地の将兵の笑いを誘うには十分であったという。

第一次大戦中の対潜水艦攻撃の基本は、開発されて間もない新兵器の爆雷攻撃（広く使われだしたのは一九一六年頃から）と、浮上中の潜水艦に対する艦砲射撃のみであった。

まだソナーや水中聴音器などは開発途上にあった時代で、潜航中の潜水艦を正確に探知する方法などは夢の時代であった。そのために爆雷攻撃も極めて初歩的な方法で行なわれていた。つまり潜水艦の潜望鏡が発見された位置に基づいて、潜水艦が進んでいったであろう現在予想位置に対し爆雷を投下する。魚雷が発射された場合には魚雷の航跡から魚雷発射位置をおおよそ推定し、その位置に爆雷を投下する。

また爆雷攻撃も後の時代の護衛艦のように爆雷の連続投下装置は未開発であり、艦尾や舷側からの一個または数個の投下を行なうことが一般的な攻撃方法であり、攻撃も極めて散発的な、そして大ざっぱな攻撃に終始していたのであった。爆雷攻撃については後章で述べたい。

第二次大戦と魚雷戦

第一次大戦と第二次大戦との間で急速な進化を遂げたものの一つに駆逐艦がある。いずれの国の海軍でも強力な魚雷攻撃部隊となったが、その中でも特に魚雷戦に力を注いだのは日本海軍であった。その裏には日本が極秘裡に当時の世界の魚雷を凌駕する強力な酸素魚雷を開発したという事実があったからである。

日本海軍は魚雷戦の主役として駆逐艦ばかりでなく巡洋艦も積極的に参入させた。そして全ての巡洋艦にまで強力な魚雷武装を施したのは日本海軍だけである。ちなみにアメリカ海軍が第二次大戦中に大量建造したボルチモア級重巡洋艦には雷装は一切見られない。

航空魚雷が戦艦に勝利した日

第二次大戦が勃発した当時、世界の海軍の基本思想はまだ大艦巨砲主義の中にあった。アメリカ、イギリス、ドイツ、日本、フランス、イタリア全ての国では強力な戦艦をそろえ、海上での戦闘の決着は巨砲を持つ戦艦がつけるという考えにあったのだ。しかしこの考え方に少しながら陰りを与え始めていたのが航空機の飛躍的な発達であった。さらに航空母艦の出現であった。そしていずれの日にかは、巨大な戦艦であろうとも航空攻撃で撃沈されるであろう、という気配が漂い始めていたのである。航空攻撃で軍艦を撃沈「することが出来る」という事実は実験では確かめられていたが、まだ戦艦の優位性は保たれていた。

一九四一年五月二十七日、ドイツの巨大戦艦ビスマルクが東部大西洋上でイギリス海軍の戦艦群の集中攻撃で撃沈された。しかしこの世紀の撃沈劇の伏線を引いたのは戦艦群ではなく、イギリス航空母艦を出撃した十数機の雷撃機の投下した魚雷の幾本かが巨艦の推進器を破損させたためであった。そしてこれを機にイギリス戦艦群の攻撃が積極的に行なわれ、無敵の巨艦も撃沈されてしまったのである。

航空攻撃は戦艦には侮りがたい脅威の存在となって来ていたのである。そして、その日はついに訪れたのであった。

一九四一年十二月八日、日本の陸軍部隊は大挙してマレー半島東海岸のコタバルに上陸を開始した。ここに太平洋戦争は勃発した。

マレー半島を護るイギリス軍は早速行動を開始した。シンガポールに拠点を持つイ

プリンス・オブ・ウエールス

ギリス東洋艦隊は、戦艦二隻と駆逐艦四隻を日本軍の上陸部隊の迎撃のために出撃させた。

この二隻の戦艦のうち一隻はイギリス東洋艦隊の旗艦プリンス・オブ・ウエールス（基準排水量三万六千七百五十トン）であった。この戦艦はイギリス最新鋭のキング・ジョージ五世級戦艦の一隻で、この年の五月には大西洋でドイツの巨大戦艦ビスマルクと砲戦を交えた猛者であった。またもう一隻の戦艦レパルス（基準排水量三万二千七十四トン）は最高速力二十九ノットの高速の持ち主で、イギリス海軍自慢の韋駄天戦艦であった。

イギリス海軍は日本軍の上陸部隊とその護衛戦力はこの二隻の強力な戦艦部隊で十分に撃退できる自信を持っていたのだ。しかし日本側はイギリス側が探知していなかった強力な航空部隊を、この上陸作戦以後の作戦展開のために仏印のサイゴン周辺の基地に展開していたのであった。

サイゴン周辺の航空基地には、日本海軍の双発陸上攻撃

日本海軍一式陸上攻撃機

機で編成された三つの航空部隊（元山航空隊、美保航空隊、鹿屋航空隊）の合計九十九機が既に進出していたのである。

十二月十日朝、イギリス艦隊が出撃したとの情報に接し、直ちに航続距離の長い陸上攻撃機十機以上が、索敵のためにマレー半島東部沖合を中心に出撃していた。

これら索敵機の一機が午前十一時四十五分にマレー半島のクアンタン沖に六隻からなるイギリス戦隊を発見した。シンガポールの北約二百キロの位置であった。

サイゴン基地からは早くも爆装と雷装をした陸上攻撃機の三つの部隊合計八十五機が、イギリスの戦艦部隊攻撃のために出撃した。

最初に戦艦部隊の上空に到達したのは美幌航空隊の爆装の陸上攻撃機八機であった。八機は戦艦レパルスを目標に二百五十キロ爆弾を合計二十四発投下した。しかし命中弾は一発のみで、レパルスの艦尾中央に配置されていたカタパルトに命中し、その下の甲板を貫通し内部で爆発したが致命傷には至らなかった。

攻撃第二陣は元山航空隊の雷装の陸上攻撃機十七機で分散して二隻の戦艦に向かった。

この雷撃でプリンス・オブ・ウエールスは艦尾と右舷中央部の二ヵ所に魚雷が命中した。この攻撃で艦尾に命中した魚雷は同艦の舵を破壊し、同艦の行動の自由を奪うことになり速力も二十八ノットから二十ノットに減速してしまった。一方、レパルスには命中魚雷はなかったが、この時の日本の雷撃機、それも双発攻撃機の雷撃行動については当時の両艦の乗組員の驚愕の記録が残っている。つまり大型の双発攻撃機が海面スレスレの高度で目標に接近し、魚雷を投下するという行動はイギリス側には全く未知の雷撃態勢であったのである。

攻撃第三陣は美幌航空隊の八機で、レパルスに対する雷撃であったが命中魚雷はなかった。

攻撃第四陣は鹿屋航空隊の二十六機で総て雷装であった。二十六機は二隻の戦艦に分散して雷撃行動に入った。そしてこの攻撃でプリンス・オブ・ウエールスは左舷中央部に一発、左舷艦首後方に二発の魚雷が命中した。左舷中央部に命中した魚雷の爆発で機関室は急速に浸水が始まった。そして同艦の速力は八ノットまで低下してしまった。そしてすでに上甲板は海水に洗われ始めていた。そして左舷中央部にさらに一発の魚雷が命中したが、これがプリンス・オブ・ウエールスへの止めとなった。

一方、レパルスへ向かった雷撃機は同艦の左舷中央部に魚雷一発を命中させ、同艦の機関室を浸水させた。

攻撃第五陣は鹿屋航空隊の九機で雷装であった。九機は二つの編隊に分かれレパルスの両舷から攻撃をしかけた。その結果同艦の左舷後方に魚雷二発が命中した。そしてレパルスへの止めを刺したのは第六陣の美幌航空隊の爆装の十七機であった。八機がすでに断末魔のプリンス・オブ・ウエールスへ向かい、九機が既に船体が傾き始めたレパルスに向かった。しかし命中した爆弾はプリンス・オブ・ウエールスに対する二百五十キロ爆弾一発だけであった。

イギリス海軍の誇りである巨大戦艦二隻が、日本海軍航空隊の雷撃機の魚雷攻撃で失われたことは、イギリスにとっては極めて大きな衝撃であった。また同時にイギリス海軍の雷撃機とは格段に性能の違う日本海軍の雷撃機の姿と攻撃法に、イギリス海軍は言い知れない恐怖を覚えたのである。戦艦二隻が航空魚雷攻撃だけで沈没されてしまうとは、誰が考えたであろうか。

この時使われた魚雷は九一式改二魚雷という航空機専用の魚雷で、駆動装置は湿式

加熱式であった。その仕様は、

全長五・五メートル、直径四十五センチ、全重量八百五十二キロ

炸薬量二百四十キロ、射程：四十二ノットで千五百メートル

魚雷投下時の航空機許容最大速力：時速六百四十七キロ、最大許容最大投下高度三百メートル

という高性能魚雷であった。

なお当時のイギリス海軍が使用していた航空機用魚雷（ウエイマス魚雷）の要目は次のようになっていた。

全長四・九五メートル、直径四十五センチ、全重量七百四十キロ

炸薬量百七十キロ、射程：四十五ノットで千メートル、四十一ノットで二千五百メートル、通常投下高度六十メートル

ドイツ潜水艦の猛攻

第二次大戦中に連合軍諸国と中立国諸国がドイツの艦船や航空攻撃で撃沈された商船の総量は、五千百五十隻、二千百五十七万総トンであった。そしてこの中でドイツ潜水艦の雷撃で撃沈された商船の量は二千八百二十八隻、千四百六十九万総トンに達

している。

つまり撃沈された商船の六十八パーセント（総トン数比較）が潜水艦の雷撃で撃沈されているのである。

ドイツ海軍は第二次大戦の勃発と同時に潜水艦作戦を展開し、当初こそ第一次大戦後のハーグ条約を遵守し、潜水艦による攻撃対象は中立国商船を攻撃の対象外にすること、軍事行動（軍需品の輸送を行なう商船も含む）を行なう商船のみを攻撃する、という行動をとっていたが、一九四〇年中頃からは完全に無制限攻撃に変わり、連合軍側および中立国の商船の損害はウナギ上りに増加していったのである。

第二次大戦勃発当時の実戦用ドイツ潜水艦の数はわずかに三十隻弱であり、この少数の潜水艦で戦争開始から十ヵ月の間に百二十万総トンという膨大なイギリス商船を撃沈していたのだ。この大戦果の理由はイギリス海軍の海戦から約二年半の間の護衛艦艇の絶対的な不足、対潜水艦攻撃と哨戒方法に対する準備不足、対潜水艦攻撃兵器の未開発等があったが、何よりも大きな原因は各ドイツ潜水艦艦長の卓越した攻撃手腕と攻撃方法にイギリス側が翻弄されたことであった。そしてこの間にドイツは潜水艦の建造のペースを急速に上げ、艦長をはじめとする乗組員の養成に邁進したのであった。

ちなみにドイツ海軍は占領したポーランドのグダニスク（グディニア）に大規模な潜水艦乗組員養成学校を建設し、全国から遊休の大型客船を集めこれを学生の宿泊設備とし、戦争終結までに四万名以上の潜水艦乗り組み将兵を輩出し、戦争中に完成した千隻に達する潜水艦の乗組員を充足したのであった。

ドイツ海軍の潜水艦の建造量は一九四一年十二月には月産二十二隻のペースに達し、その後は一九四五年一月まで月産二十～二十九隻の建造ペースが続き、第二次大戦中に合計千二十隻の潜水艦を完成させていた。しかしその損害も激しく、特に連合軍側の対潜水艦戦闘方法が確立された一九四三年中頃は損害のペースが急激に増加し、戦争の全期間でドイツ海軍が失った潜水艦は六百八十五隻に達した。そして約二万八千名の潜水艦乗組員（犠牲率実に七十パーセント）が艦と運命を共にしたのである。

第二次大戦の大西洋の戦いは、まさに「ドイツ潜水艦対連合軍側護衛艦艇」の熾烈な戦いであった。第二次大戦中のドイツ潜水艦による連合軍側商船の損害（被撃沈数）は、別表のように一九四〇年から一九四二年に

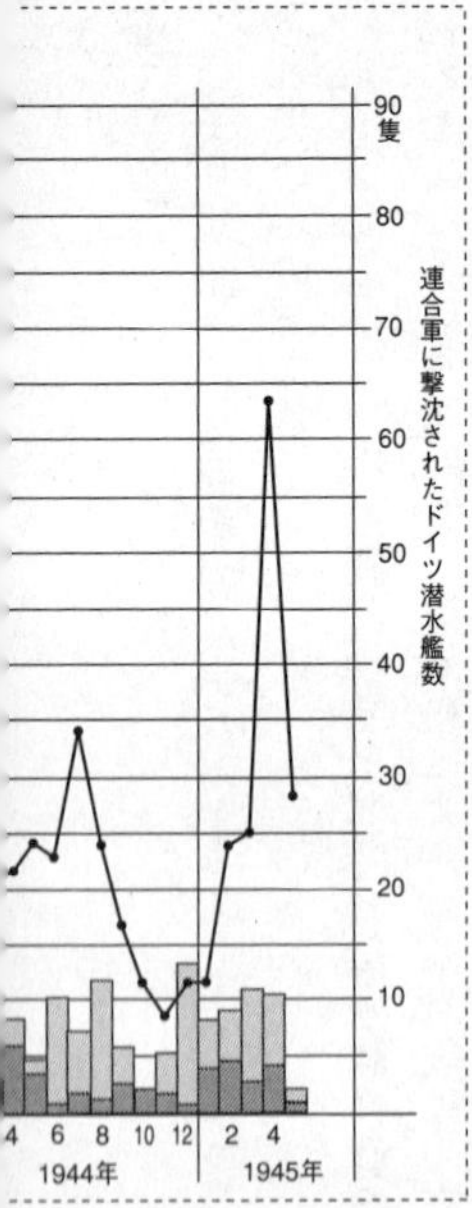

第二次大戦中の連合軍商船のドイツ潜水艦による月別被撃沈状況

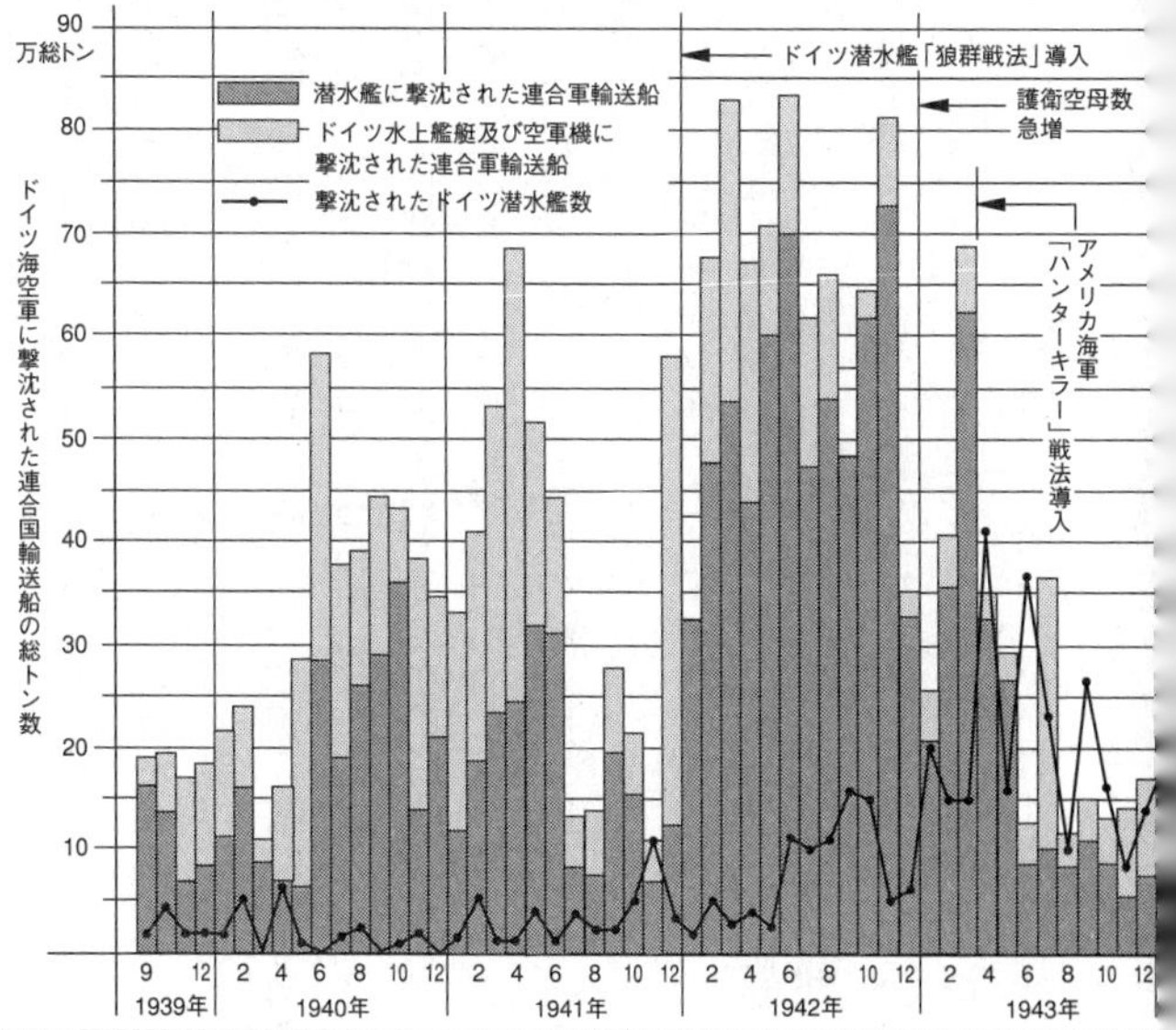

かけて急激な上昇を見ている。そして一九四三年前半までは引き続き高い損害が続いた。しかし一九四三年後半からはドイツ潜水艦による損害は急に減り始め、一九四四年から一九四五年の戦争終結までの連合軍側の商船の損害は、極端なまでの低さが続くのである。

　ドイツ潜水艦による損害が急増した最大の理由は、潜水艦の急速建造による作戦に必要な潜水艦の絶対数の充足、そして全潜水艦による巧妙な攻撃システムの実行であった。

一九四一年から一九四三年前半にかけての連合軍側商船の、ドイツ潜水艦による雷撃損害は記録的な伸びを示した。これはドイツ潜水艦隊が編み出した「狼群戦法（ウルフパック戦法）」の忠実な実行の結果であった。

「狼群戦法」とは、従来の潜水艦の単独行動による個別会敵攻撃ではなく、数隻（三〜四隻、後には十数隻）で一つの作戦グループを編成し、各艦は常に付かず離れずのグループで作戦行動を行ない、その中の一隻が敵船団を発見した場合にはグループの他の潜水艦に直ちに情報を伝え、船団攻撃にグループが集まるように計画されている。そして攻撃は常に数隻の潜水艦の絶え間ない攻撃で行なわれるために、敵船団側は護衛艦艇も含め混乱状態に陥りやすい。つまり敵側の混乱に乗じて雷撃を行ない、できるだけ多くの戦果を得ようとするものであった。

この戦法は狼が獲物を仕留めるときの行動（共同狩り戦法）に似ているため、この戦法に付けられた名前なのである。

大西洋ではドイツ潜水艦の攻撃に対処するために、輸送船は常に大規模な船団（三十〜八十隻）で行動することを常としていた。しかしこれらの船団には一九四二年前半頃までは、護衛艦艇の絶対的な不足から護衛艦艇は最少の随伴にとどまっていた。

つまり大船団がドイツ潜水艦の集中攻撃を受けた場合には、当初はこれを効果的に防ぐ有効な手立てもなく、結果的にはより多くの輸送船の損害が出たのである。

ドイツ潜水艦隊最盛期の頃には、大西洋上には常に十組以上のウルフパック群が出撃しており、連合軍側の商船の損害が続いていた。そして一回の船団攻撃で十隻〜十七隻程度の犠牲が出る状況が多発し、記録的な輸送船の損害が続いたのであった。

第二次大戦中にドイツ潜水艦が使用した代表的な魚雷は、通常の湿式加熱式のG7a魚雷と電気推進式のG7e魚雷の二種類であった。

G7a魚雷は圧搾空気を燃焼空気として使用し、燃料はアルコール（メタノール）で、これらで四気筒のレシプロ機関を駆動させ駆走させる典型的な湿式加熱式魚雷であった。

G7a型魚雷の要目は次の通りである。

全長五・六メートル、直径五十三センチ（二十一インチ）、全重量千五百三十キロ
炸薬量二百八十キロ、射程：四十四ノット（時速八十一キロ）で六千メートル

一方、G7e魚雷は潜水艦専用に開発された魚雷で、電池でモーターを回転させる電気式魚雷であった。その要目は次の通りである。

全長五・六メートル、直径五十三センチ、全重量千六百キロ

炸薬量二百八十キロ、射程：三十ノット（時速五十六キロ）で五千メートル

G7a魚雷に比べると射程、速力共に劣り、湿度の高い艦内で長期間保管すると電池の電圧の低下を招きやすく、艦内で頻繁に充電する必要があるという欠点を持っていた。しかし魚雷の走行中に気泡の発生が全くないために雷跡を残さないという利点があること、また湿式加熱式魚雷に比べ機構が簡単で取り扱いやすいという利点を持っていることから、潜水艦乗組員には好評で、また生産も単純であるために大量生産が可能ということから、第二次大戦中のドイツ潜水艦の魚雷は湿式加熱式から次第に電気式魚雷に移行していった経緯がある。

当然のことながら電気式魚雷の性能の改善は進められ、一九四三年中頃にはG7e型魚雷の電池の性能を改良したT3a型魚雷が出現している。この魚雷の主な特性は長寿命電池の採用と、電池能力の強化による射程の増加（三十ノットで七千五百メートル）であった。

ドイツ海軍は一九四三年八月以降に音響誘導機能を持ったT5型魚雷を実戦に導入している。しかし目標の探知能力の不十分から改良課題が多くあくまでも試験導入に終わっている。

ドイツ潜水艦隊の劇的な戦果の持続も一九四三年四月頃までであった。一九四三年

に入ると連合軍側は大量の護衛艦艇（護衛駆逐艦、フリゲート、スループ、コルベット等）が続々と戦場に投入され出し、またこれらの艦艇には新しく開発された前投式爆雷（ヘッジホッグやスキッド等）や優秀なソナーが装備され、対潜水艦攻撃方法が飛躍的に進化し、さらに大量に建造された簡易式航空母艦（通称、護衛空母）の船団護衛への投入や、これら護衛空母と護衛艦艇をグループ化し、潜水艦の捕捉と攻撃を専門に行なう「ハンターキラー」チームの編成により、大西洋におけるドイツ潜水艦の活動は急速に弱体化することになった。

ウルフパックの猛攻

ドイツ潜水艦による狼群戦法は連合軍側輸送船団にとっては最大の脅威であった。船団を護る五〜六隻の護衛艦艇は輸送船側から次々に報じられる様々な方向からの雷跡の報告に完全に翻弄され、潜水艦に対する集中攻撃が多くの場合不可能になった。

三〜五隻の潜水艦の攻撃はまさに「ここと思えばまたあちら」という状況にあり、被害は増加の一途をたどることになった。

PQ17船団の悲劇

一九四二年早々より、連合軍側は東部戦線でドイツ軍の攻撃に耐えるソ連軍に対し、北極のバレンツ海を経由する武器、弾薬、各種車両、燃料他様々な戦闘物資の輸送を始めた。

ソ連の北極海に面する港はムルマンスクやアルハンゲリスクで、当初はイギリスが主体となりアイスランドを集結地として、イギリスやアメリカからこれら物資を二十〜四十隻の貨物船による船団を組み、六〜七隻の護衛艦艇を随伴させ送り込んでいた。しかしこのソ連救援物資輸送は容易なものではなかった。随伴する護衛艦艇も当初は多くの場合、護衛艦艇の不足からトロール漁船を母体とした特設護衛艇を加えざるを得ず、護衛の弱体は目を覆うばかりであった。また航行する海域は常に荒天で海水は低温であった。撃沈された輸送船や護衛艦艇の乗組員の生存の割合は極端に少なかった。そしてこの海域には至近の位置にあるノルウェーを基地にするドイツ潜水艦隊が輸送船の通過を待ち構えていたのである。

これらソ連救援物資輸送の中でも最大の悲劇が一九四二年七月に起きた。

一九四二年六月二十七日、アイスランド島のフィヨルドに集結した三十七隻の連合軍輸送船団が、ソ連の極北の港アルハンゲリスクに向かって抜錨した。

輸送船の積荷は多種多様で、分解され梱包された多数のアメリカ戦闘機、戦車、トラック、大砲、高射機関砲、大量の弾薬、ガソリン、セメント、建設用鋼材等であった。

この船団の護衛には様々な種類の小型艦艇が随伴することになった。しかしその中の多くは荒天の北極海を航行するには困難を伴うであろう四百～六百トン級のコルベットや徴用漁船の特設護衛艇であった。

実はこの重要な船団は当初の計画ではイギリス本国艦隊の二隻の戦艦、四隻の巡洋艦、一隻の大型航空母艦も護衛に加わるはずであった。しかしイギリス海軍はこの護衛作戦には及び腰であった。実は途中の北端のノルウェー領のフィヨルド内には、ドイツ海軍の恐るべき巨大戦艦ティルピッツを含め、巡洋艦三隻、駆逐艦六隻が待機していたのである。イギリスの戦艦でティルピッツにまともに対抗できるものはなかっただけに、もしこの巨大戦艦が出撃してきた場合にはイギリス側には確実な勝算はなかった。

さらに連合軍側にとっての危険な敵の一つにノルウェー北端の基地に配置されている、ドイツ空軍の双発雷撃機約五十機の存在があった。

しかし三十七隻からなる輸送船団はすでに動き出していた。実はドイツ側もイギリスの本国艦隊の出撃を恐れていたのだ。その最大の恐怖は大型航空母艦の存在であった。この輸送船団の護衛作戦とドイツ側の艦隊による輸送船団攻撃作戦は、実は互いに及び腰であったのだ。結果的にはイギリスの強力な護衛艦隊は戦艦ティルピッツ出撃の誤報で本国に引き返し、ドイツ側も航空母艦を伴う強力な艦隊の出撃の報告に、出撃を取り止めてしまったのである。

残されたのは弱小の護衛艦艇を伴った三十七隻の裸同然の輸送船団と、てぐすね引いて待ち伏せるドイツ狼群潜水艦群と五十機の雷撃機であった。

バレンツ海の直中《ただなか》を低速で航行中の三十七隻の輸送船団は、七月三日から十日にかけての八日間、海中と空中からの猛攻に晒されたのであった。

ドイツ潜水艦十二隻が四つのグループ（狼群）に分かれ輸送船の予定航路上に待機していた。十五隻の輸送船がドイツ潜水艦の雷撃で撃沈された。そして十二隻の輸送船が航空機の雷撃で撃沈された。三十七隻の船団で生き残ってアルハンゲリスクにたどり着いたのはわずかに十隻であった。救援物資約十四万トン以上が北極海に沈んだ。

大規模狼群戦法の最大の犠牲

一九四三年三月十六日から十九日にかけて二つの輸送船団が強力な狼群に集中攻撃され、合計二十一隻の輸送船を失い、イギリスに送り届けられるべき様々な物資十八

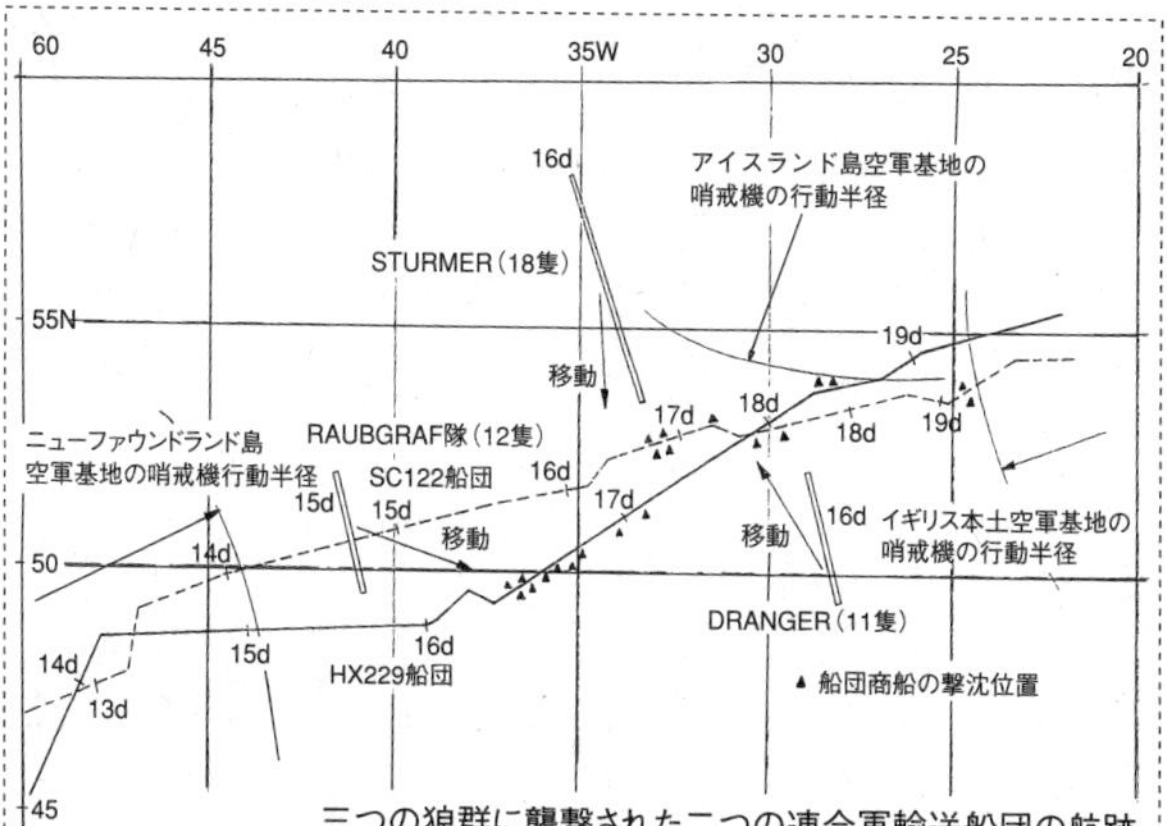

三つの狼群に襲撃された二つの連合軍輸送船団の航跡

万トン以上が海底に沈んだ。

一九四三年二月末、ドイツ海軍は極めて大規模な二つの船団がニューヨークを出発し、イギリスのリバプールへ向かうという情報を得た。ドイツ側はこの情報が極めて確度の高いものと判断し、この船団の迎撃計画を至急立てた。

連合軍側は六十隻と四十隻から成る二つの船団を三月五日から八日にかけてニューヨークを出発させる予定であった。船団の一つは六十隻の低速貨物船（多数のリバティー型貨物船を含む）から成るSC122船団、もう一つは四十隻の高速貨物船から成るHX229船団であった。

この情報に対しドイツ潜水艦隊は三つの潜水艦グループを急遽編成し、フランスのロリアン潜水艦基地とブレスト潜水艦基地から出撃させ、西に向かわせた。

それぞれのグループは潜水艦十一隻、十八隻、十二隻から編成されていた。合計四十一隻という最大規模の狼群軍団であった。

三つの潜水艦群は事前に探知された二つの船団の予定航路を塞ぐように、北大西洋の中央部に南北五百キロの範囲に個艦の間隔を十二キロとして配置に付いた。どの艦かが船団を発見すれば直ちに他の艦が船団が航行する海域に集結する手筈になっていた。

三月十六日早朝、一隻の潜水艦が接近する大輸送船団の姿を発見した。この輸送船団の針路はドイツ側が予測した通りの針路を進んでいた。この船団は四十隻から成るHX229高速船団であった。船団を発見した潜水艦は直ちに船団発見の情報を当該グループおよび他のグループに対しても無電で報告した。

発見された船団はHX229船団ばかりでなく、翌十七日の早朝には六十隻から成るSC122低速船団もドイツ潜水艦の網にかかり発見されたのであった。

広い範囲に分散して待機していた四十一隻のドイツ潜水艦は、直ちに二つの船団を包囲する態勢で船団の航行する海域に集まってきた。

この集中攻撃の結果、SC122低速船団の輸送船八隻が雷撃で失われ、HX229高速船団の十三隻が同じく撃沈された。一方これら船団を護衛していた護衛艦艇群は、様々な位置の輸送船から発せられる敵潜水艦発見の情報に完全に翻弄され、一隻の潜水艦に対しても有効な攻撃をすることができずに終わったのであった。

ドイツ潜水艦群は潜水艦隊司令部からの命令により、三月二十日に輸送船団がアイスランド島に配置された連合軍側の哨戒機の哨戒圏に入った時点で攻撃を中止した。

この作戦はドイツ潜水艦の狼群戦法の中でも最も大規模で、しかも成功した例といえるものであった。ちなみにドイツ潜水艦隊は、この作戦が行なわれた一九四三年三月の一ヵ月間で連合軍側商船三十九万五千総トンを撃沈しており、ドイツ潜水艦隊による月間撃沈記録の第三位（第一位は一九四二年十一月の四十七万五千トン）となっている。

しかし翌四月から連合軍側の輸送船の損害は激減を始めるのである。それは連合軍側の有効な対潜水艦攻撃兵器を搭載した多数の護衛艦艇が四月頃から大量に投入されたこと、護衛航空母艦が充足され始め、大規模船団への対潜護衛空母の随伴が恒常化し始めたこと、敵潜水艦の存在を探知する情報システムが急速に完備され始めたこと、さらに一隻の護衛空母と数隻の護衛駆逐艦で編成された、自由な潜水艦狩りを行なうハンターキラー・チームが続々と編成され、ドイツ潜水艦に対する攻撃の輪が完成しためである。

第二次大戦中でドイツ潜水艦が常用した魚雷の炸薬量は二百四十〜三百キロであった。一方、日本海軍の潜水艦が常用した魚雷の炸薬量は五百キロであった。

ドイツ潜水艦が連合軍側大型艦艇に対し雷撃を行ない戦果を上げたという例は大変に少ない。つまりドイツ海軍の魚雷はそのほとんどが商船攻撃用に使われたことになり、大型艦艇に比べるとほとんど防御鋼板を備えていない商船の攻撃には、この程度の炸薬量で十分であったといえよう。それを裏づけるようにドイツ潜水艦が商船攻撃に際して発射する魚雷は、戦闘記録に見る限りほとんどが二本発射で、その中の一本命中でも一万トン級の商船を十分に撃沈することが可能であった。

一方、日本海軍の潜水艦が連合軍側商船を攻撃する機会はドイツとは桁違いに少なかった。これは日本の潜水艦攻撃の主体は敵主力艦隊の艦艇の撃滅にあり、潜水艦による大規模な通商破壊作戦はむしろ二次的な攻撃であったと判断するのが妥当のようである。事実日本の潜水艦による連合軍側の商船攻撃は行なわれてはいたが、ドイツ海軍のような組織的な大規模な商船攻撃作戦は行なわれておらず、強いて言えば戦争の初期の段階で繰り広げられたオーストラリア東部海域（南太平洋海域）での商船攻撃、あるいは同じく戦争初期から中期にかけて散発的に行なわれたインド洋での連合軍側商船に対する攻撃くらいであった。

これに対し日本の潜水艦による連合軍側主力大型艦艇に対する雷撃は、ドイツ潜水艦に比べると格段に多く、またその撃沈数の多さもそれを証明している。日本潜水艦が敵主力艦艇を攻撃目標にして多くの成功例を導いたことの裏には、第一に日本の潜水艦用魚雷の攻撃力の強さが上げられるようである。炸薬量に例をとっても、ドイツ潜水艦が常用した魚雷の一・八倍から二倍という量は、敵大型艦艇を撃沈するためには十分な量であったと考えることができるのである。


陸上から発射された魚雷で撃沈された重巡洋艦

世界の魚雷戦の中でも極めて珍しい実例が生まれた。陸上に設置された魚雷発射管から発射された魚雷により大型軍艦が撃沈されたのである。陸上に魚雷発射管を配置して襲来する敵艦を攻撃する企ては戦術的には考えられるが、あまり実戦に適したものではなくその例は大変に少ない。このような魚雷発射管の配置は、敵が侵攻して来そうな狭い水道を守備する方法としては考えられないことではない。

ドイツ軍は一九四〇年四月にノルウェー侵攻作戦を開始した。海陸空からの侵攻であるが、狭いフィヨルドが発達した特殊な地形のノルウェーの侵攻に対し、ドイツは海上からの上陸作戦を柱とした。それは艦艇に上陸作戦用に特別に訓練された陸軍部隊を乗せ、侵攻すべきフィヨルドに突入し、数ヵ所の上陸地点から部隊を上陸させる方法であった。

一九四〇年四月八日の深夜、重巡洋艦一隻（ブルッヒャー）、ポケット戦艦一隻（リュッツオ）、水雷艇三隻、機動掃海艇八隻、特設哨戒艇二隻から成るドイツ上陸部隊がオスロフィヨルドの入り口に現われた。このフィヨルドの奥にはノルウェーの首都オスロがあった。

ドイツ軍上陸部隊は二千名から成る陸軍特殊部隊で、八隻の機動掃海艇にそれぞれ分乗していた。上陸の最大の目標地点はオスロであった。

ドイツ軍があらかじめ潜入させていた情報員の報告により、オスロフィヨルドの防御設備と配置はすでに報告されていた。それによると海岸の数ヵ所に分散して大砲が配置されているが、いずれも旧式な砲で強力な火砲を備えた艦艇の相手ではないというものであった。

しかし情報部員の報告に漏れていた重要な事実が実は存在したのである。それはフィヨルドの入り口から進んだ西側の岩肌の海岸に偽装された魚雷発射施設が存在することであった。そこには九門の魚雷発射管が配置されていたのである。ただこれらの発射管やそこに配備されている魚雷は、この時より三十五年前の一九〇五年にノルウェー海軍がドイツから購入したものであり、以来実戦で使われたことは一度もなかったものであった。

これらの魚雷は時代的には日本海軍が一九〇五年（明治三十八年）にドイツのフューメ社から乾式加熱装置付の新型魚雷を購入した時期に相当している。つまりこの時ノルウェー軍が装備していた九門の魚雷発射管と魚雷は、同時代のドイツのフューメ社かシュヴァルツコップ社が開発した類似の魚雷であったことが想像されるのである（その後新型の魚雷をノルウェーが購入したことも考えられるが、その裏づけ資料はない）。

この砲台や魚雷発射設備が配置されていた付近のフィヨルドの幅はわずかに六百メートルしかなかった。この距離では砲撃はほとんど直接照準の平射であり、命中した場合の打撃は格段に大きくなるはずである。また魚雷が古いフューメ社のものと考えても射程は雷速四十ノットで千メートル、艦艇がフィヨルドの中央部を通過するのであれば射程はわずかに三百メートル、四十ノットの雷速であれば魚雷発射後わずか十五秒で目標に到達する位置である。フューメ社の魚雷であれば炸薬量は九十五キログラムで、大型艦艇であっても水面下数メートルの装甲は薄く、この程度の魚雷の命中でも浸水を起こす程度の損害は与えることは可能であるはずだった。

ドイツ海軍重巡ブルッヒャー

何も知らない上陸部隊は狭い水道に侵入してきた。その途端、情報ではないはずの海岸砲が猛烈に火を吹いたのである。艦艇部隊には世界共通の鉄則があった「艦艇は陸上の砲台と砲火を交わしてはならない」。重巡洋艦ブルッヒャーの艦尾の操舵器室に陸上砲台の十五センチ砲弾数発が命中し、ブルッヒャーは操舵不能に陥った。艦は超低速でこの水道を通過せざるを得なかったが、この時ブルッヒャーは偽装された魚雷発射装置の目前を通過することになった。

ノルウェー軍は目の前に現われたドイツ軍艦に対し、千載一遇の機会として旧式な魚雷発射管から旧式の魚雷九本を発射した。

九本の魚雷のうち二本は発射管の故障で発射不能となった。発射されたうち五本は発射直後に沈んでしまった（やはり旧式魚雷だったのか?）。

しかし、二本の魚雷は目標に命中した。一本はブルッヒャーの艦首左舷の水面下に命中し爆発した。もう一本は艦中央部の水面下に命中し爆発したが、命中した場所は機関室の舷側であり、装甲の薄い部分に命中したために舷側の鋼板は破壊され、大量の海水が機関室に侵入してきた。そして、あろうことか艦は行動不能に陥り左舷に傾き始めたのである。

至近の位置の海上に停止したブルッヒャーに対し海岸砲は命中弾の連打を与えた。一方のブルッヒャー側は機関や発電機の停止で各砲の操作が思うに任せず、ついに弾火薬庫に飛び込んだ砲弾の爆発でブルッヒャーは大爆発を起こし水深九十メートルの海底に没してしまったのだ。旧式魚雷の大殊勲である。

ブルッヒャーは新生ドイツ海軍が建造したアドミラル・ヒッパー級重巡洋艦の二番艦で、前年の一九三九年九月に完成したばかりの新鋭艦。誕生わずか六ヵ月少々で沈没してしまったのである。ブルッヒャーの要目は次の通り。

基準排水量一万三千九百トン、最高速力三十二・五ノット

主砲二十センチ連装砲四基、雷装五十三センチ三連装魚雷発射管四基

日本海軍の酸素魚雷の威力

その1　酸素魚雷戦の準備

日本海軍は酸素魚雷（九三式酸素魚雷）を使った優位な海戦を展開するために、日

米戦を想定した中で巡洋艦と駆逐艦から成る強力な水雷戦隊を編成し、一九三〇年代初めには新型駆逐艦の完成にあわせその効果的運用方法を確立していた。

その編成とは、一隻の軽巡洋艦を旗艦として、その指揮下に七隻から十六隻の駆逐艦を従えた一個水雷戦隊を編成するものである。そしてこの水雷戦隊を数個部隊編成し、各艦隊に配置するというものであった。

これらの水雷戦隊の主力武器は勿論のこと強力な酸素魚雷で、敵に先制攻撃をかける上から夜戦に重点を置いていた。

太平洋戦争海戦時の日本海軍には次の通り六個の水雷戦隊が存在した。内訳は次の通りである。

第一水雷戦隊：軽巡洋艦一隻、駆逐艦十五隻
第二水雷戦隊：軽巡洋艦一隻、駆逐艦十六隻
第三水雷戦隊：軽巡洋艦一隻、駆逐艦十二隻
第四水雷戦隊：軽巡洋艦一隻、駆逐艦十五隻
第五水雷戦隊：軽巡洋艦一隻、駆逐艦　七隻
第六水雷戦隊：軽巡洋艦一隻、駆逐艦　八隻

これら水雷戦隊の総戦力は軽巡洋艦六隻、駆逐艦七十三隻という世界無比の強力な

ものであった。そしてその魚雷戦力は、例えば第二水雷戦隊の場合では旗艦の軽巡洋艦が六十一センチ魚雷発射管十二門（予備魚雷を含め魚雷搭載量二十四本）。駆逐艦が六十一センチ魚雷発射管百三十六門（予備魚雷を含め魚雷搭載量二百七十二本）という強力なもので、それぞれの六十一センチ魚雷は炸薬量七百八十キロを内蔵しており、その破壊力は例えばアメリカ海軍の同じ時代のＭｋ15型五十三センチ魚雷の三百七十キロの二倍に達していたのである。つまりもし敵艦隊が例えば第二水雷戦隊と遭遇し魚雷の一斉投射を受けた場合には、一度に百四十二本の魚雷の投射（槍衾）を受けることになり、損害は計り知れないものになるはずであった。

但しこの水雷戦隊は、実際の戦闘に際しては旗艦の軽巡洋艦以下六隻ないし八隻の駆逐艦を直卒する戦法がとられているが、それでも最大で一度に七十本前後の魚雷が発射されることになり、相手側にとっては相当の脅威となるのである。

一九四二年八月から十一月にかけて展開されたソロモン諸島のガダルカナル島を巡る日米の海戦では、この九三式酸素魚雷の戦いが随所で展開された。

次にその戦闘例を紹介する。

第一次ソロモン海戦（アメリカ側呼称：サヴォ島海戦）

一九四二年八月七日午前、アメリカ軍陸軍部隊と海兵隊が日本軍が航空基地整備中のガダルカナル島に突如、上陸作戦を展開した。多数の上陸部隊に対し守備する日本側は一握りの戦闘部隊だけであった。日本側はたちまち蹂躙されてしまった。

上陸地点の沖合には多数の輸送船が集結し、増援の上陸部隊の将兵の揚陸や様々な物資、機材の揚陸を続けていた。これら輸送船団はアメリカ海軍とオーストラリア海軍の混成戦隊で援護されていた。その戦力は巡洋艦七隻（重巡洋艦五隻、軽巡洋艦二隻）と駆逐艦六隻であった。

日本海軍は突然のこの事態に直ちに反応した。八月八日未明に上陸地点沖合に到着予定で、重巡洋艦五隻、軽巡洋艦二隻、駆逐艦一隻から成る戦隊が急派された。

これら八隻が搭載する主要火力は、二十および十四センチ砲合計四十八門、五十三および六十一センチ九三式酸素魚雷発射管九十三門（装填魚雷九十三本、予備魚雷九十三本）である。連合軍側は日本海軍の艦艇部隊の襲来に備え、ガダルカナル島の北沖合に浮かぶ小さなサヴォ島の南北に二つの戦隊を配置していた。

日本の攻撃部隊は単縦陣でサヴォ島の南側から上陸地点沖合に蝟集する輸送船団に向かって進んだ。日本の戦隊と連合軍側のサヴォ島南側を守備する戦隊は暗夜の中で突然、鉢合わせすることになった。連合軍側の戦力は重巡洋艦二隻と駆逐艦二隻であった。

日本側が砲撃と雷撃の先制攻撃を加えた。そしてサヴォ島の北側に待機していた別の戦隊を発見すると、日本の戦隊はそのまま北に針路を変え敵部隊に向かった。日本側は夜戦に備えての練度は際立っていた。ここでもむしろ日本側の先制攻撃で戦闘が展開された。

連合軍側の北方部隊の戦力は重巡洋艦三隻、軽巡洋艦二隻、駆逐艦四隻であった。この戦いも日本側の魚雷と砲撃の先制攻撃で展開された。二つの戦いは互いに接近した中での戦いとなったが、戦闘の結果は先制攻撃をかけた日本側の一方的な戦いで終わった。

アメリカとオーストラリア混成の戦隊の損害は甚大であった。重巡洋艦四隻が沈没、重巡洋艦一隻大破、駆逐艦三隻中破という結果であった。そして一方の日本側は大きな損害はなかった。

戦闘の結果を見ると次の通りであった。

米重巡洋艦クインシー　：機関室に命中した数本の魚雷が致命傷で沈没。
同　ヴィンセンス：三〜五本の命中魚雷が致命傷で転覆、沈没。
同　アストリア　：数本の魚雷が命中。弾火薬庫に命中した砲弾の爆発で大爆発、沈没。

同　シカゴ　…二本の魚雷が命中、沈没は食い止めたが大破、行動不能。

豪重巡洋艦キャンベラ　…四～五本の魚雷命中。転覆、沈没。

短時間で一挙に重巡洋艦五隻が雷撃で沈没あるいは大破するということは、世界の海戦史上にもその例はない。

この戦闘とは別であるが、酸素魚雷の威力を示す事例がある。一九四二年二月二十七日、ジャワ島のスラバヤ沖で展開された日本戦隊と米英蘭連合戦隊との海戦（スラバヤ沖海戦）で、日本側が放った六十一センチ酸素魚雷が、距離一万メートルでオランダ海軍の軽巡洋艦デ・ロイテルとジャワに命中した。

両艦は魚雷命中直後に沈没したが、距離一万メートルを走破した魚雷の命中で軍艦が撃沈されるという事例は世界の海戦史の中でも皆無であり、酸素魚雷の驚異的な性能を証明する出来事であった。

ルンガ沖夜戦（アメリカ側呼称：タサファロング沖海戦）

日本軍はガダルカナル島に増援され同島で米軍部隊と対峙苦闘している陸軍部隊に、何としても継続的に武器弾薬そして糧秣を送り込みたかった。この物資送り込み作戦には海軍艦艇や陸軍に徴用された多くの貨物船が参加することになったが、そのほとんどは米海軍の待ち伏せ攻撃のために失敗に終わり、結果的には日本陸軍部隊は孤軍奮闘で戦闘力を全く失っていた。そしてこれら将兵を救出することで、一連のガダルカナル島を巡る日米の攻防戦は終わりを告げることになった。

この一連の物資補給作戦の中には特異な手段も含まれていた。それは多数の補給物資を空のドラム缶に詰め込み、これを輸送限界一杯に駆逐艦の甲板に積み上げ、夜陰に乗じて高速力でガダルカナル島の指定された海岸に接近し、いっせいにドラム缶を海面に投棄する方法である。そして投棄されたドラム缶は潮の流れに乗り海岸に打ち上げられるか、あるいは陸上の回収部隊がカヌーなどを使い人力でこれらを海岸まで引っ張り、陸上に回収するという極めて原始的な方法である。しかし手段はどうであれ、陸軍としてはいかなる手段をとっても必要物資を上陸部隊の手に届けたかったのである。

一九四二年十二月一日、日本海軍はこの特異な手段での第一回の補給作戦を駆逐艦で決行することになった。輸送用駆逐艦は六隻、これを護衛する駆逐艦二隻で補給作戦駆逐隊が編成され、ガダルカナル島のタサファロング沖に向けてラバウルを出撃した。現地到着時刻は深夜の予定であった。

ところがアメリカ海軍側は日本海軍が何らかの作戦を近日中に決行する気配をすでに探知していた。そしてガダルカナル島の北方の海上に、巡洋艦五隻（重巡洋艦四隻、軽巡洋艦一隻）と駆逐艦六隻の戦力で、現われるであろう日本艦隊の迎撃の準備に怠りはなかった。

日米両戦隊は暗夜のガダルカナル島近傍のルンガ沖で激突した。先制攻撃をかけたのはアメリカ側で、駆逐艦部隊が日本の八隻の駆逐艦に対し一斉に二十本以上の魚雷を発射した。しかし魚雷は総て目標を外れてしまった。魚雷攻撃に続き巡洋艦部隊が一斉に砲門を開いた。

この時点で日本の駆逐艦隊は直ちに補給を諦め、戦闘に入ることを決断した。山と積まれた甲板上のドラム缶は海上に投棄され、八隻の駆逐艦の魚雷発射管の全てが暗夜の中に激しい砲火を浴びせる敵巡洋艦らしき艦影に向けられた。

合計七十本の酸素魚雷が発射された。その結果は驚くべきものとなった。単縦陣で進むアメリカ巡洋艦戦隊に向かって魚雷は直進。一番艦の重巡洋艦ミネアポリスに二本の魚雷が命中、続く重巡洋艦ニューオルリーンズとペンサコラにそれぞれ一本の魚雷が命中し、さらに続くノーザンプトンに二本の魚雷が命中した。

炸薬量七百八十キロの時速五十ノット（時速九十二キロ）で直進する重量二・八ト

アメリカ海軍重巡ノーザンプトン

ンの酸素魚雷の打撃力は強烈であった。

ノーザンプトンは魚雷の命中直後に全艦が大火災を起こしたたちまち沈没した。ミネアポリス、ニューオルリーンズ、ペンサコラでは、水面下の舷側に開かれた巨大な破口からたちまち海水が機関室やボイラー室に侵入し船体は大きく左舷に傾き始めたが、乗組員の懸命な働きにより辛うじて沈没は避けられた。しかしわずか一本あるいは二本の魚雷の命中ではあったが損害は甚大で、この三隻は現地での応急修理の後アメリカ本国まで回航され本格的な修理が行なわれたが、第一線に復帰するまでには一年以上の時間を要することになった。

日本海軍の駆逐艦輸送部隊は補給任務を中止し直ちに反転し帰途に就いたが、この戦闘時間はわずかに十六分に過ぎなかった。日本側の損害は駆逐艦「高波」が敵巡洋艦の砲撃で撃沈され、一隻が中破というものであった。

アメリカ潜水艦の日本輸送船団に対する猛攻

太平洋戦争中に日本は二千五百六十八隻、八百四十三万総トンの商船を失った。この数字は第二次大戦で受けた商船の被害としてはイギリスに次ぐ膨大な数字であったが、イギリス商船隊は戦時設計商船の急速建造やアメリカからの大量の商船の供与によって、商船隊の壊滅は避けることができたが、日本は三百万総トン以上の戦時設計商船の建造を行なったにも関わらず、戦争が終結した時には商船隊は壊滅状態にあった。

失われた商船のうち、損失量の四十四・五パーセントに相当する千百四十四隻、四百二十万総トンの商船は潜水艦の雷撃で失われた。そして損失量の三十六・六パーセントが航空機の攻撃によるものであった。

アメリカ潜水艦の雷撃で日本商船隊が容易ならざる大きな損害を出し始めたのは、一九四三年六月頃からであった。これ以降日本商船隊の損害は上昇の一途をたどり、一九四四年十月にそのピークに達した。

そしてこれ以降は潜水艦の雷撃による損害は減少を始めたが、それに置き換わったのが航空機、特に機動部隊の艦載機による損害であった。

太平洋戦争におけるアメリカ海軍の潜水艦作戦を見ると、一九四三年三月頃までは戦果において比較的低調であった。その原因は広大な太平洋戦域で有効な潜水艦作戦を行なうための潜水艦が絶対的に不足していたこと（作戦可能な潜水艦は四十隻を割っていた）、使用すべき魚雷自体に様々な欠陥があり、有効な攻撃ができにくかったこと（水中直進性の不良、水中深度調整の不良、命中したときの不発等）である。つまりアメリカ潜水艦隊にとっては開戦以来一九四二年一杯は苦難の時であったのである。

しかし一九四三年春頃から問題は一掃されることになり、積極的かつ大規模な潜水艦作戦ができるようになった。その根本にあったのが次のような改善であった。

・実戦用潜水艦の大量建造が軌道に乗り、作戦に必要な潜水艦が充足され始めたこと。

・安定した性能の魚雷の量産が始まったこと（新たに実戦配備された主力魚雷はＭｋ18型魚雷で、電気推進でドイツ海軍のＴ３ａ型に類似の性能を持っていた）。

アメリカ海軍はこれらの改善と同時に、太平洋戦域の潜水艦作戦に新しい作戦様式を導入したのであった。それは大西洋海域で連合軍側輸送船団が手酷い損害を受けたドイツ潜水艦隊の攻撃方式の導入であった。「狼群戦法（ウルフパック戦法）」の導入である。

さらにアメリカ海軍は潜水艦隊の戦力の充足にともない、潜水艦作戦に次の位置づ

太平洋戦争中の月別日本商船の損失状況

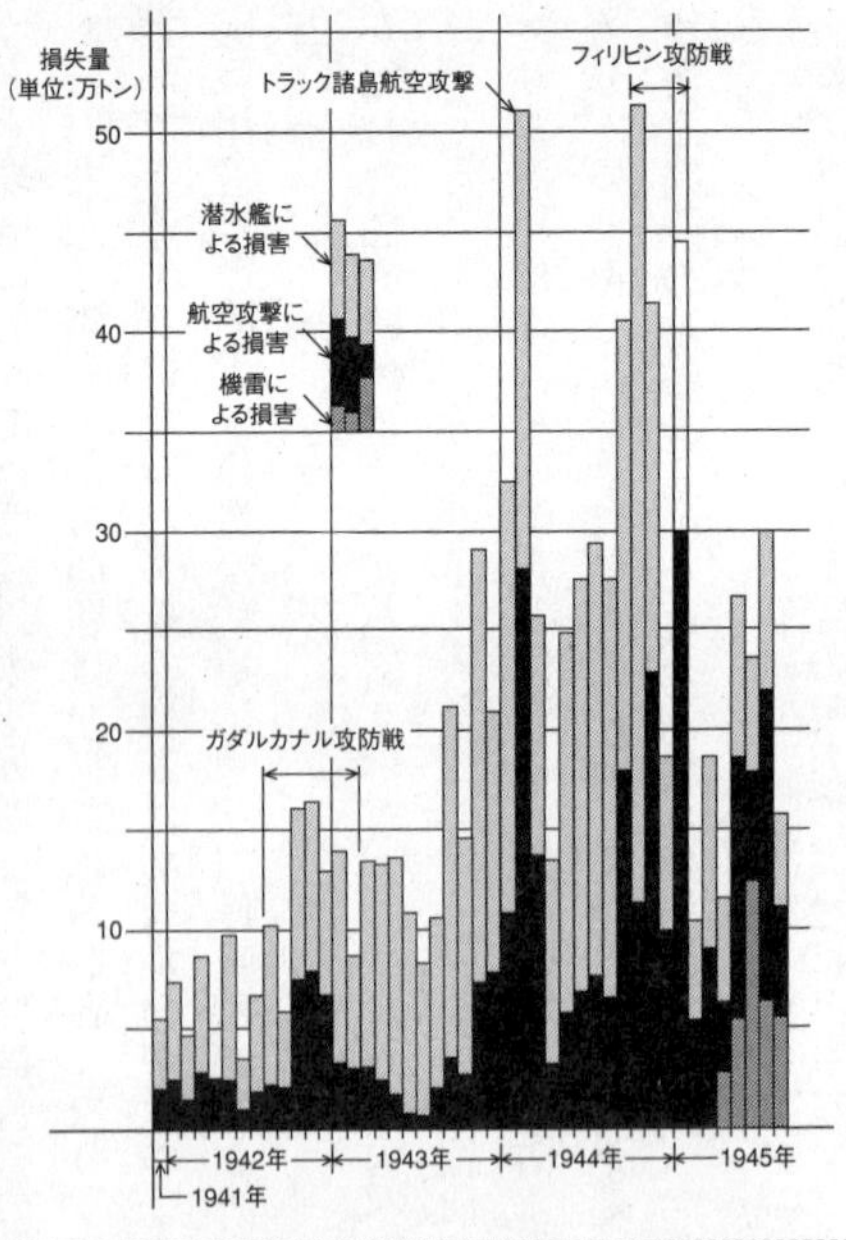

けを与え、日本商船隊に対し積極的な攻撃を仕掛けてきたのであった。その戦法とは、

「日本の国力を消耗させる最も効果的な手段は、戦略物資輸送の大動脈である日本と南方間の輸送機能を壊滅することにある」

というものであった。

つまり潜水艦の攻撃目標は南方と日本を結ぶあらゆる商船で、これらを徹底的に撃滅することは日本国内の工業生産は勿論のこと、国民の生活も急速に枯渇させることで、アメリカ側はこの作戦の徹底は、日本海軍の主力艦の攻撃よりははるかに効果的な結果を生むものと確信していたのである。

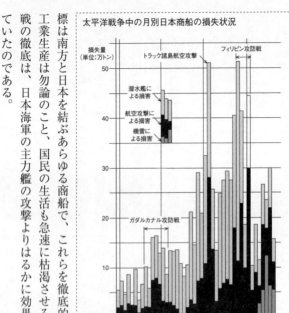

その結果、改良された魚雷を搭載し優れたエレクトロニクス技術の集大成であるレーダーやソナーを備えた、大量の第一線用の潜水艦が太平洋西部の戦域に配置されることになった。

これに対する日本の商船隊側では大きな問題を抱えており、これが商船隊の甚大な損害を増長することになったのである。それは次のような問題が解決されなかったためである。

・個々の商船（輸送船）あるいは商船隊（輸送船団）を護衛すべき護衛艦艇の絶対的な不足。
・商船隊の護衛という重要事項に対する海軍上層部の認識の絶対的な欠如。
・潜水艦攻撃用の有効な兵器（優れたソナーやレーダーおよび前投射型爆雷等）の開発の絶対的な遅れ。
・船団護衛方式や敵潜水艦発見に関わる総合的なシステムの開発に対する認識の欠如。

悲劇のヒ71船団

この船団は日本からフィリピンのルソン島リンガエン湾とシンガポールへ向かう混

成船団で、客船一隻、貨客船二隻、貨物船四隻、油槽船四隻、海軍給油艦一隻、陸軍特殊輸送船二隻の十四隻から成る船団で、護衛艦艇として海防艦九隻、駆逐艦三隻、そして特設航空母艦一隻（客船改造の特設航空母艦「大鷹」）の十三隻が随伴するという大規模、最重要の船団であった。

この船団には予想されるフィリピン攻防戦に備え、大規模な陸軍部隊（約三万名）と戦車、車両、重火器および大量の武器弾薬と糧秣が積み込まれていたのである。船団の中の油槽船四隻と給油艦一隻は、船団がフィリピンに到着後引き続き石油引き取りのためにシンガポールへの航海を続ける予定であった。

一九四四年八月十日、九州北部の伊万里湾を出発した船団は、途中台湾海峡の澎湖諸島の馬公に立ち寄り船団の整備を行なった後、八月十七日にリンガエン湾に向かった。

八月十八日夜、船団はルソン島北西端のラオアグ岬の沖合を通過した。この頃より船団の各輸送船や護衛の艦艇の無電室では、至近の海域で敵潜水艦が発していると思われる無電が盛んに傍受されていた。船団は敵の「狼群」に包囲されているようであった。

船団の各船と護衛艦艇は見張りを厳重にしながら南下を続けていたが、午後十時二十分、護衛空母「大鷹」の両舷に立て続けに魚雷が命中するのが目撃された。「大鷹」は二隻の潜水艦から左右同時に雷撃されたのである。

「大鷹」は魚雷の爆発と同時に航空機用ガソリンタンクが爆発した。正規の航空母艦に比べ防御力の脆弱な商船改造の空母にとっての最大の弱点を襲われたことになった。「大鷹」は爆発と同時に全艦が巨大な炎の中に包まれ、被雷二十八分後には沈没してしまった。

これより前、船団が敵潜水艦に包囲されていると判断した船団司令官は、各船に対し全速力で独自にリンガエン湾に向かうことを命じたのであった。

護衛空母「大鷹」が沈没した直後、つまり各船が全速南下を開始した直後、今度は兵員輸送船の大型客船帝亜丸（一万七千五百三十七総トン：元フランス客船）が被雷した。右舷中央部の吃水線下に立て続けに二発の魚雷が命中し爆発した。

機関室とボイラー室には一気に大量の海水が侵入し、機関や発電機は停止し広大な船内は一寸先も分からない闇となった。そして侵入した海水によりボイラーが爆発して被害はさらに増大し、船体はたちまち右舷に傾くと全ての救命艇を下ろす間もなく横倒しとなり沈没してしまった。

この時帝亜丸には陸軍将兵と軍属および乗組員合計五千四百七十八名が乗船してい

たが、将兵二千三百二十六名と軍属、乗組員三百十八名の合計二千六百四十四名が犠牲となった。

この頃から海上は多少時化気味となっていたが、この影響で単独行動に移った各船は暗夜の中で完全にバラバラの行動となり、互いの姿を確認することすら困難になっていた。

八月十九日午前零時三十二分、貨物船能登丸の第三船倉に魚雷が命中した。さらにその一分後に兵員を満載した一万総トン級の貨客船阿波丸の船首右舷に魚雷一発が命中した。幸いなことに両船とも船内に浸水はしたが沈没する心配はなく、そのままリンガエン湾に向けての航行を続け、その後無事に目的地に到着している。

午前三時二十分、給油艦「速吸」（基準排水量一万八千五百トン）に二発の魚雷が命中し沈没した。続いて午前四時三十分、陸軍特殊輸送船玉津丸（九千五百九十総トン）の右舷中央部に二発の魚雷が命中した。玉津丸は荒天の中たちまち右舷に大きく傾くとそのまま沈没したということである。被雷から沈没まではわずかに数分と報告されている。

この時玉津丸には陸軍将兵と乗組員四千八百二十名が乗船していたが、荒天の中の急速な沈没により生存者は、偶然に付近を通過中の護衛艦に救助された六十五名のみで、残る四千七百五十五名は犠牲となったのである。

この犠牲者数は日本の戦時商船の戦禍における犠牲者の数としては二番目に大きなものであった（最悪の犠牲者数は、一九四四年二月にバリ島北方海域で撃沈された貨物船隆星丸の四千九百九十九名である）。

船団の犠牲はこれだけでは終わらなかった。玉津丸が撃沈された四十分後の午前五時十分、今度は油槽船帝洋丸が右舷船首、中央部、船尾の三ヵ所に立て続けに被雷、魚雷命中後わずか五分で沈没してしまった。

狼群潜水艦の執拗な攻撃をまぬかれた残りの各船は、この日の正午頃には何とかリンガエン湾泊地に逃げ込むことができた。しかし損害は甚大であった。陸軍の精鋭部隊一個旅団相当にあたる約七千名の将兵が戦わずして失われ、およそ一個連隊相当約三千名の将兵が海上から救助されたが、彼らに必要な武器弾薬そして大量の糧秣の全てが失われ、戦闘力はゼロに陥ってしまったのである。

この事例はアメリカ潜水艦隊の狼群戦術の恐ろしさを証明し、同時に日本側の対潜探知・攻撃能力の欠如ぶりをまざまざと証明することになったのである。

油槽船団被雷の恐怖

一九四四年十月以降、南シナ海方面は実質上アメリカ陸海軍航空部隊の制空権と制海権下に入ったこと、またアメリカ潜水艦部隊の狼群の跳梁により、南方（シンガポールやボルネオ）から日本へ向けての石油を中心とする戦略物資の輸送は至難となっていた。

そのような中で一九四四年十二月二十二日の早朝に起きたヒ82船団の悲劇は、日本の輸送船団の被害の中でも最も悲惨な事例であった。

太平洋戦争の末期、すでに南方との輸送航路の安全が奪われた日本商船隊は、一トンの鉱石、一キロリットルの石油でも日本に運び込もうとまさに血みどろの努力を払っていた。

南方から日本までの途中の南シナ海も東シナ海も、すべてがアメリカ海軍機動部隊の艦載機の行動半径内に納まり、航行する船舶がいつ攻撃されるか分からない状況にあった。また中国大陸に基地を持つアメリカ陸軍航空隊の爆撃機も、つねに中国沿岸を航行する日本の船舶に攻撃を構える態勢にあった。そしてさらに恐ろしいのはすべての海域に配置されているアメリカ潜水艦の狼群部隊であった。これら潜水艦部隊はつねに陸海軍航空部隊との連絡を密にし、彼らの発見する日本輸送船団に対し攻撃の即応態勢がとられていた。

すでに南方から日本へ向かう、そしてその逆の船団の航海の安全の保証は全くなくなっていた。一九四四年十二月以降で見ると、この航路を被害なく安全に航行した船はただ奇跡をつかんだとしか言いようがなかったのである。

一九四四年十二月十二日、シンガポールの石油基地ブクム島を出発した五隻の大型油槽船が、五隻の護衛艦艇に守られて日本に向かった。この船団の呼称はヒ82船団であった。

これら五隻の油槽船は音羽山丸（九千二百四総トン：三井船舶所属）、御室山丸（九千二百四総トン：三井船舶所属）、ありた丸（一万二百三十八総トン：石原汽船所属）、ぱれんばん丸（五千二百三十七総トン：三菱汽船所属）、橋立丸（一万二十一総トン：日本水産所属）で、中でも音羽山丸と御室山丸はすでに当時の日本商船隊にはほとんど残っていなかった戦前建造の最優秀大型油槽船であった。

これら五隻が積載していた石油等の内訳は次のようになっていた。

音羽山丸　：航空機用ガソリン一万七千キロリットル
御室山丸　：重油一万六千キロリットル
ありた丸　：航空機用ガソリン一万六千キロリットル
ぱれんばん丸：航空機用ガソリン八千八百キロリットル、錫のインゴット二千トン、

橋立丸　　　　生ゴム千トン
　　　　　　　…航空機用ガソリン一万六千キロリットル

この中でも四隻が運ぶ航空機用ガソリン五万七千八百キロリットルは、当時の日本陸海軍航空部隊が喉から手がでるほど欲しがっていたもので、これだけの量があれば戦闘機七万機、練習機であれば十五万機を飛ばせることができ、本土防空の戦闘機部隊を一気に活気づけることになる。また燃料不足で飛行もままならない航空練習生の育成には多大な貢献をするものであった。

船団のそれぞれの油槽船の最高速力は十五ノットで高速油槽船と呼ぶにふさわしかった。この場合船団の航海速力も格段に早くなり、一般の混成船団の場合の航海速力七〜八ノットに比べ平均十二ノット以上は出すことができ、対潜行動の上からも有利な行動をとることが可能であった。

船団はシンガポールを出発した後はマレー半島の東岸を北に進み、途中で針路を東に変えシャム湾の南部を一気に横断し、出発五日後の十二月十七日にはインドシナ半島の南端のカムラン湾に到着し船団はここで仮泊した。

しかし船団がカムラン湾に到着する前日、中国南部の基地を出撃したアメリカ陸軍航空隊の偵察機が、北に進むこの船団を発見していたのだ。アメリカ側の情報連絡は

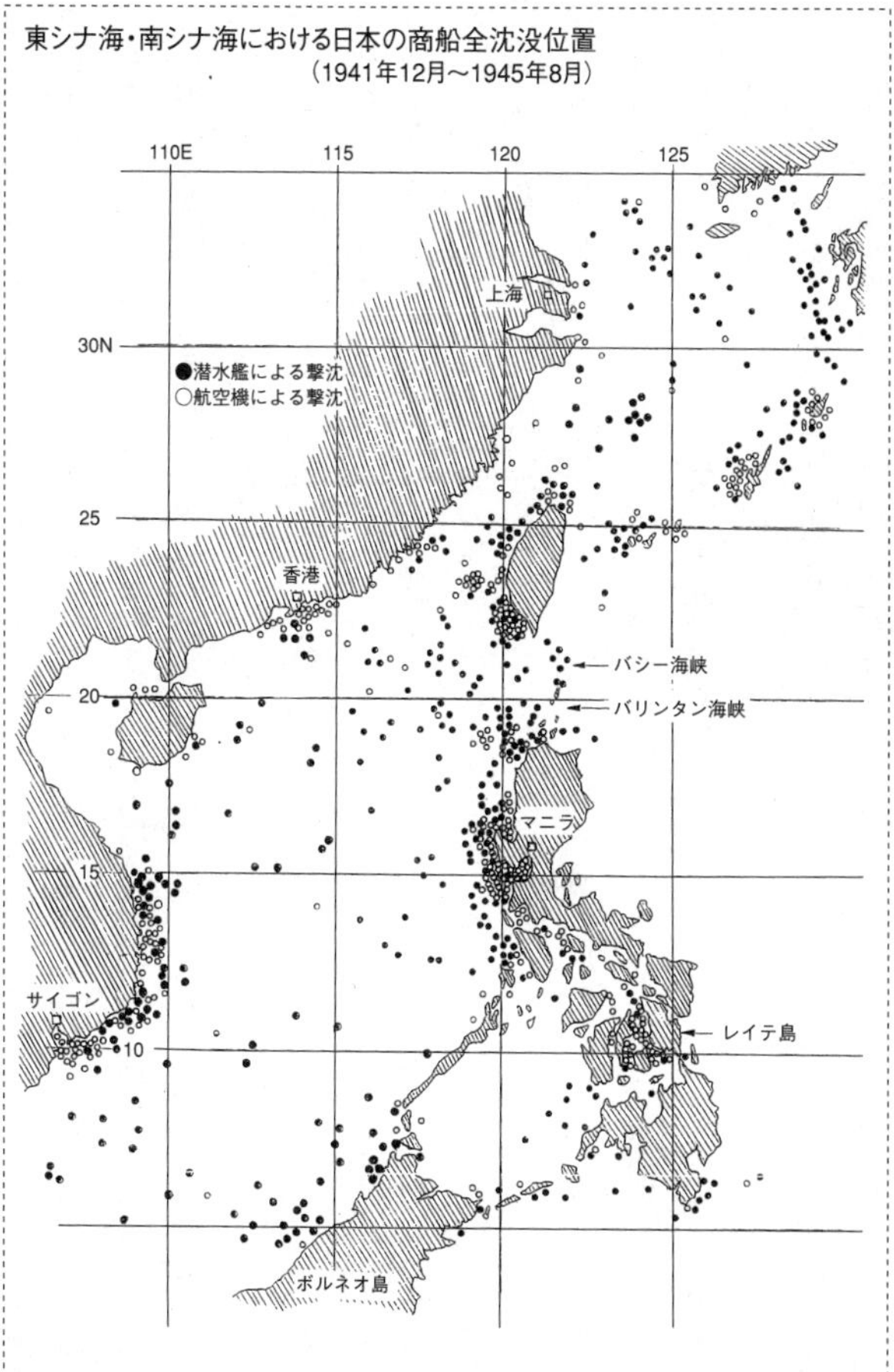
東シナ海・南シナ海における日本の商船全沈没位置
(1941年12月〜1945年8月)
110E
115
120
125
30N
25
20
15
10
●潜水艦による撃沈
○航空機による撃沈
上海
香港
バシー海峡
バリンタン海峡
マニラ
サイゴン
レイテ島
ボルネオ島

機敏であった。この情報は直ちに太平洋艦隊の潜水艦部隊に通報され、南シナ海海域で活動する三つの狼群部隊は日本の大型油槽船から成る船団攻撃のための攻撃配置につくことになった。そして最もインドシナ半島南部に近接して作戦行動をとっていた一つの狼群部隊が、船団の今後の航路を予想し待ち伏せ位置についた。場所はインドシナ半島の中部のクアンガイ沖合であった。

十二月二十二日午前五時五十分、二列で進む五隻の油槽船の陸側を進んでいた音羽山丸の右舷中央部と後部に突然、二発の魚雷が命中するのが目撃された。その瞬間、音羽山丸は巨大な火の玉となって爆発した。そしてその一分後、音羽山丸と平行して進んでいたありた丸にも一発の魚雷が命中するのが目撃されたが、次の瞬間、ありた丸は巨大な火の玉と化してしまった。

さらにその十分後、今度は音羽山丸の後ろを進んでいた御室山丸の船尾機関室付近に魚雷が命中するのが目撃された。御室山丸は積荷の重油に引火し猛烈な黒煙を噴き上げながら炎上を始めた。御室山丸の場合は積荷が重油であったために瞬時の爆発はなく、炎上が続くことになったのだ。

音羽山丸もありた丸も言いかえれば巨大なガソリンタンクであった。仮に船体の外板を機関砲弾が貫通し内部で爆発すれば、巨大なガソリンタンクは瞬時にして爆発することになるほどの極めて危険な船であったのである。

悲劇であった。ありた丸の乗組員五十七名と船舶砲兵隊員五十六名の合計百十三名は一瞬にして炎の中で全滅した。一方、音羽山丸も乗組員六十三名と船舶砲兵隊員五十六名の合計百十九名も炎の中で全滅したが、奇跡的に船舶砲兵隊員二名が爆発の衝撃で海上に吹き飛ばされその後救助された。

この船団を襲った三隻の潜水艦は、待ち伏せ位置に現われた油槽船団に対し距離約千五百メートルで魚雷を発射し、一気に三隻の油槽船を撃沈したのだ。

攻撃をまぬかれた二隻の油槽船は直ちに最高速力でその場から遠ざかったが、三隻の潜水艦は潜航のままではとうてい二隻に追いつくことはできず、また浮上すれば周囲を警戒する五隻の日本の護衛艦艇の攻撃を受けることになり、戦果と取り逃がした油槽船二隻の針路を潜水艦隊司令部に報告することで攻撃を終了したのであった。

ガソリン輸送の恐ろしさを示すことであるが、この後も日本は航空機用ガソリンを必死に日本まで運ぶ努力を続けたが、ごく一部の例外を除くと、その全てが同じ悲劇の繰り返しに終わったのである。魚雷の威力と魚雷攻撃の凄まじさを示す戦闘場面であった。

現代の魚雷の姿

第二次大戦が終結した時点で、世界の海軍からは一度に多数の魚雷を発射し、敵艦隊を撃滅する水上魚雷戦の姿は消えた。艦隊同士が互いに魚雷を発射して勝敗を決するという戦い方は、すでに航空機とレーダーが発達した時代の戦いの姿ではなくなっていたのである。

したがって第二次大戦後、アメリカ海軍やイギリス海軍では魚雷を搭載した駆逐艦は余剰になり、これらの駆逐艦は魚雷発射管は撤去され、対空および対潜兵器を充実させた新しいタイプの護衛艦として生まれ変わっていった。そして新しく誕生する駆逐艦は、従来の姿の駆逐艦ではなく、対潜・対空戦闘を重視したより高性能な、新時代のフリゲートとして生まれ変わってゆくことになった。

勿論これらの新しいタイプの護衛艦艇にも決して魚雷発射設備が搭載されなかった訳ではなかった。それは潜水艦攻撃を目的とした新しいタイプの魚雷を搭載する必要性が生まれたからである。

水雷兵器としての魚雷の魅力は時代が進んでも大きい。水面下を走行し相手艦の船腹に激突し水中爆発を起こした場合、その被害は想像以上に甚大である。

仮に同じ量の火薬を水中と空中で爆発させた場合、その爆発力に差が生じるのは当然である。空中で爆発した場合、爆発で生じたエネルギーはその大半がほとんど抵抗のない空中に飛散し、消滅してしまう。しかし同じ爆発力のものを水中で爆発させた場合、船腹で発生した爆発のエネルギーは船腹を破壊する一方、一部のエネルギーは反対側の水中に四散しようとするが、水の抵抗に押し返され、その反射エネルギーは再び船腹を破壊するエネルギーとして押し戻され、その破壊力は空中での爆発の数倍になるのである。

つまり魚雷は現代の水中兵器としても極めて重要視される兵器となっているのである。

海軍の水上戦闘戦力が航空母艦やフリゲートとなった現代では、これら水上艦艇を攻撃する最も有効な兵器はやはり魚雷であり、それを駆使するのは水上艦艇ではなく潜水艦の役割となったのだ。つまり従来の駆逐艦や巡洋艦に代わって今後は商船の攻撃や艦艇の攻撃は潜水艦に置き換わるのである。

現代の海軍に課せられた重要な課題の一つは、どこに潜んでいるか分からない潜水艦をいかに早くしかも正確に探知し、確実に撃沈するかということである。

現在の世界の海軍で求められている重要な課題は、潜航中の潜水艦の位置を正確に探知し、これを確実に撃破するための兵器の開発である。現代の対潜水艦兵器として有効とされる武器の一つに、すでに解説したが対潜水艦用機雷がある。しかし潜水艦に対しより積極的に攻撃行動がとれる兵器はやはり魚雷である。現在世界の主要海軍は潜水艦攻撃専用の魚雷の開発に最大の努力を払っている。

潜水艦攻撃用の魚雷の代表として取り上げられるものにホーミング魚雷がある。ホーミング魚雷は魚雷の弾頭に相手側が発生する様々な音源（主体は機関音やスクリューの回転音）を探知し、これを追跡する機能を持たせた魚雷で、相手を確実に撃破することができると考えられている魚雷である。

ホーミング魚雷は当初は潜水艦が発射する魚雷の命中率を向上させるために、潜水艦が水上を航行する艦船を攻撃する際に、発射した魚雷が相手の発生する音源を探知し目標に向けて自動的に走行することができる魚雷として考え出されたものであった。ホーミング魚雷の研究はすでに第二次大戦当初からドイツやアメリカで開発が進められていたが、実用化に漕ぎ着けたのはドイツ海軍が多少早かった。一九四三年にドイツ海軍は潜水艦用の魚雷に、試験的ではあるがホーミング装置を備えた魚雷を装備させ実戦で使用した。しかし結果は芳しいものではなかった。その原因は、例えば敵艦船の探知能力と魚雷の速力とにアンバランスが生じ、正確な目標探知ができなかったこと。あるいは内蔵された聴音器が海底からのエコー、あるいは海水の温度差などにより生じる境界層での複雑な反射音の影響に対し対応ができなかったことがあったからである。この問題はドイツ海軍ばかりでなくアメリカ海軍も解決に苦悩したものであった。

結果的にはドイツ海軍は戦争終結時点まで完全なホーミング魚雷を完成することはできなかった。一方のアメリカ海軍もドイツ海軍と大同小異の状態にあったが、多少の改善が進められ、航空機から投下される対潜水艦用ホーミング魚雷の完成を見ており、新しく開発された自動潜水艦探知装置であるソノブイと合わせ、大西洋海域である程度の戦果が確認されている。

第二次大戦後、ホーミング魚雷の開発はアメリカ、イギリス、ソ連各海軍で急速に進められ、それぞれ一九五〇年代には完全な実用ホーミング魚雷を完成させている。

当然のことながら潜水艦に搭載される魚雷は全てホーミング機能を持っており、また潜水艦を攻撃するための水上艦艇に搭載される魚雷もホーミング機能を持っている。

西欧の海軍はもとより日本の海上自衛隊の護衛艦艇もこれらホーミング魚雷は搭載している。これら魚雷は海上自衛隊では「短魚雷」と呼称されているが、これは全長が二・六メートルと、第二次大戦中の魚雷と比べると半分以下の長さであることから付けられた通称（呼称）である。アメリカやイギリス海軍ではこの魚雷は「Light

海上自衛隊の短魚雷

Weight Torpedo」（略してLWTと呼ばれる）と呼ばれている。
海上自衛隊が現用している短魚雷は、アメリカ海軍が開発したMk46と独自開発の九七式魚雷であるが、いずれも対潜水艦攻撃用のホーミング魚雷である。Mk46魚雷の要目は次の通りである。
全長二・六メートル、直径三十二・四センチ、全重量二百三十五キロ
炸薬量四十五キロ、有効射程七千三百メートル
潜水艦攻撃用の魚雷は炸薬量が少なくとも、深々度を潜航する潜水艦に命中すれば、水深に伴う水圧は強力であるために、少ない量の炸薬の爆発でも潜水艦の外板を破壊することは容易であり、相手に大きなダメージを与えることが可能なのである。
この魚雷のホーミングの特徴は、発射後直径約千メートルの右旋回の螺旋を描きながら沈下走行し、

この間に目標を探索するのが特徴で、一旦目標を探知すると一気に目標に向かって直進して行くのである。

実験的には命中率は七十～八十パーセントと高率である。しかし現代のホーミング魚雷は過去に実戦に使われる機会がないために、その実力のほどは不明である。

これら短魚雷も水上艦艇から発射される場合は、例えば専用のコンパクトな三連装の魚雷発射管から高圧空気で発射される。

海上自衛隊のアスロック

このＭｋ46短魚雷の応用型としてアスロック（ＡｎｔｉＳｕｂｍａｒｉｎｅ Ｒｏｃｋｅｔ）という艦載用の対潜水艦用兵器がある。

これはＭｋ46短魚雷の後部に飛翔用のロケットを取り付けたもので、フリゲート等に専用の発射装置（多くの場合八連装）が装備され、探知距離が遠くとも、敵潜水艦の潜航位置が探知されると、直ちに目標の至近の海面に向けて撃ち出される。

潜航位置付近上空に達するとパラシュートが開き、弾頭（短魚雷）は海面に落下し直ちにパラシュートは切り放され、短魚雷特有のホーミングの軌跡を描きながら目標を探知し攻撃するのである。

アスロックの最大射程は一万一千メートルで、探知された敵潜水艦に早期の先制攻撃が可能となり、現有の一万トン級の潜水艦の撃沈も可能とされている。

魚雷は開発当初とは全く違った性能を持った水雷兵器として進化したことになるのだ。

第４章　爆雷

爆雷の出現

爆雷は「水雷三兵器」の中では最も遅く開発された兵器であるが、その活躍の歴史は短く、現在ではむしろ不要の兵器となっているのである。

第1章ですでに述べたが、爆雷は元々は特殊用途の一時的な水雷兵器として考え出されたものが、その開発の途中で別の用途に適合するものとして急遽開発された兵器であった。

イギリス海軍は既存の係留式機雷とは別に、敵艦艇が蝟集する泊地に潜入し、時限式の機雷を停泊している敵艦艇の至近の位置に投下し、これを爆発させるという特殊機雷の開発を一九一一年に開始した。この機雷は強襲用の小型艦艇に積み込み、停泊する敵艦艇のそばを通過する際にこれを投下するもので、投下されたこの機雷はゆっくりと沈下を始め、水深五〜六メートル付近で爆発させるのである。この間に機雷を投下した艦艇は現場から離れているが、沈下した機雷は爆発し、敵艦艇の船底に甚大な損害を与えようとするものである。

一九一四年に第一次大戦が勃発すると、ドイツ潜水艦はイギリスの当初の予想に反し急速な勢いで潜水艦の実戦化を進めた。そして勃発翌年の一九一五年からは、ドイツ潜水艦によるイギリス商船の損害が急増を始めた。

海中に潜む潜水艦を攻撃する有効な武器を持たないイギリス海軍は、すでに開発が進んでいた投下式機雷を改良し、潜水艦攻撃専用の水雷武器を開発したのである。これこそ爆雷の起源である。

イギリス海軍は一九一五年にこの兵器を潜水艦攻撃専用の武器として正式に採用した。そして主に駆逐艦や水雷艇あるいは徴用した漁船を特設の哨戒艇や護衛艦に採用し、この新しい水雷兵器を搭載させることにしたのである。

この新しい水雷兵器はイギリス海軍では「Depth Charge」と呼ばれることになった。日本に初めて爆雷が正式に入手されたのは一九一八年のことであったが、当初は日本でも英語の名称を使い「Depth Charge」と呼ばれていた。

注：日本海軍が初めて爆雷を手にしたのは一九一七年、日本海軍の第二特務艦隊が地中海に派遣されたときで、地中海での船団護衛に参戦する前に、イギリス海軍から爆雷の提供を受け、派遣された全ての駆逐艦にイギリス式の爆雷（Depth Charge）が臨時に搭載されたときであった。本件については後に詳述する。

イギリスで開発された「Depth Charge」の外形は小型のドラム缶状をしていた。直径は四十〜五十センチ、長さは七十〜八十センチほどで、内部には五十キロ前後の炸薬が装備され、水圧で作動する信管が取り付けられていたが、この形状は世界的にも共通で一九四三年頃までほとんど変化することがなかった。

この爆雷の爆発設定深度は当初は二十メートルと五十メートルの二段階設定となっていた。この爆雷が海中で爆発すると、爆発の中心から半径十五〜二十五メートルの範囲に強い衝撃力が伝わり、至近の位置に潜水艦が潜んでいた場合には、潜水艦の船体には強い衝撃波が伝わり、船体外板を破壊したり艦内に様々な衝撃を与えるとされていたのである。

一九一五年以降イギリス海軍を中心に、ドイツ潜水艦の出没する海域を航行する連合軍側の護衛艦艇の多くに、急遽「Depth Charge」が搭載されるようになった。

しかしこの兵器には決定的な欠点があった。それは潜航する敵潜水艦の正確な所在が確認できない限り、有効な攻撃用武器とはなり得ないということで、第一次大戦のほぼ全期間を通じ、敵潜水艦が潜む位置を探知する能力のある潜水艦探知装置（ソナー）や感度の良い水中聴音器等が開発途上であり、それぞれ実戦化するには時期尚早であった時でもあり、第一次大戦中での爆雷の使用方法は、正確さを欠く推定での爆雷投下に終始し、爆雷はむしろ威嚇攻撃用の兵器としての位置づけにあったと評価すべきものであった。

日本海軍は一九一七年四月まで「Depth Charge」に関する情報は得ていたものの、その実際の姿は知らなかったのが実情であった。しかし第二特務艦隊が連合軍の船団の護衛任務のために地中海に派遣されたとき、到着早々にイギリス海軍の要請により、艦隊の八隻の駆逐艦（後に十二隻に増強）の全てに「Depth Charge」が搭載されることになった。

この時搭載された「Depth Charge」の仕様や投下装置がどのようなものであったのか、詳細は不明であるが、第二特務艦隊のその後の実戦記録から判断すると、爆雷は一九一五年にイギリス海軍が開発した最も初期の爆雷とほぼ同じ構造と仕様であったと考えられ、また爆雷投下装置も駆逐艦の艦尾に取り付けられた簡易工作の、人力により一個ずつ投下するような投下台であったと想像されるのである。

この投下台とは艦尾に多少傾斜した長めの台座を鋼材で組み上げ、この台座に十個程度の爆雷を並べ、人力でストッパーを操作し、潜水艦が潜んでいそうな地点で一番端の爆雷から順次海面に落下できるような装置であったらしい。

当時は投射器のようなものは開発されておらず、戦闘記録を見ても、駆逐艦は一回の攻撃で一個の爆雷を投下し、これを数回繰り返すのが通常の戦法で、一隻または数隻の駆逐艦が連続的に大量の爆雷を投下することはなかったようである。つまり相手を完全に撃滅するというよりは爆雷の投下は威嚇的な意味合いが強かったようである。何しろ相手の正確な潜伏位置を把握する手段がなかったので、当然であったのかも知れない。

第二特務艦隊の駆逐艦とドイツ潜水艦との戦闘は三十数回に及んでいるが、爆雷によって相手に決定的なダメージを与え撃沈確実とした例はない。ただ撃沈または行動不能にしたと思われる実績は数例だけ存在する。しかしその結果は「撃沈の可能性大」という表現にとどまっている。

爆雷の開発は第一次大戦の戦訓を生かし各国海軍でそれぞれ独自に進められたが、爆雷を遠くまで打ち出す（とはいってもせいぜい五十〜二百メートルだが）爆雷投射装置が開発された程度で、第二次大戦まで爆雷の基本構造や外形などには際立った進化は見られず、攻撃パターン(爆雷を投下する状況)に多少の進歩の跡が見られる程度であった。つまり各国海軍は潜水艦の開発には力を注いだが、潜水艦を迎え撃つ、攻撃する戦法については特段の積極的な姿勢が見られなかったのである。爆雷に大きな開発の手が及んだのは第二次大戦直前から第二次大戦中にかけてであったのである。

次に日本海軍の爆雷の開発について多少説明を加えておきたい。日本海軍は一九一七年(第二特務艦隊がヨーロッパに派遣された年。大正六年)の初め頃に、イギリス海軍の「Depth Charge」のある程度詳しい情報を入手し、以後独自に小型艦艇から投下する水中爆発兵器の開発を始めた。そして翌一九一八年に日本最初の爆雷を試作したが、これは全重量十五キログラム、炸薬量十一キロ、時限式爆発深度六および九メートルというベビー爆雷であった。

日本海軍は第一次大戦終結翌年の一九一九年に、イギリスから第一次大戦で使用した爆雷の改良型のD型爆雷を試験的に購入した。この爆雷の要目は次の通りである。

全長七十センチ、直径四十五センチ、全重量七十キロ、炸薬量五十キロ、有効破壊半径二十メートル、信管:水圧可変式、信管調整範囲十五、三十、五十、六十メートル、爆雷投下時の当該艦艇の最低速力十六ノット(時速約三十キロ)、爆雷の沈降速度毎秒三メートル

日本海軍の二式爆雷の構造図

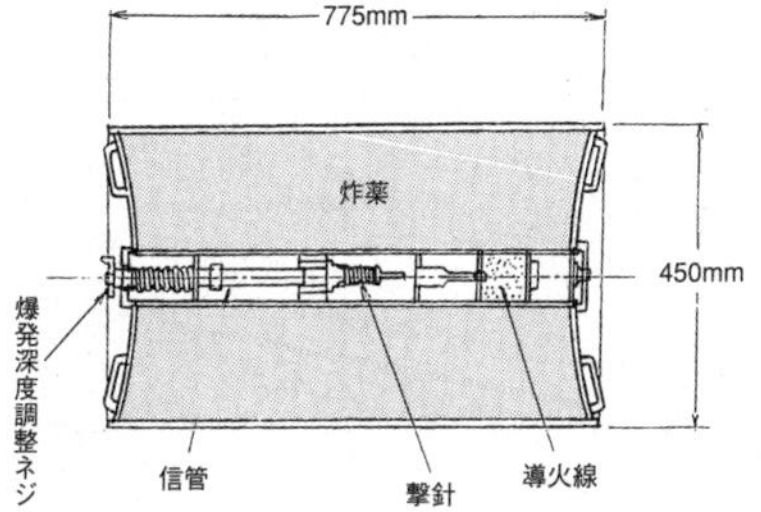

日本海軍はこのD型爆雷に改良を加え、一九二一年（大正十年）に「改一号爆雷（後の名称八八式爆雷）」を完成させ、これが日本海軍最初の実用爆雷となった。

D型爆雷と改一号爆雷との大きな違いは、炸薬量が五十キロから百三十六キロに増加したことにより、全重量が二百二十九キロに増加したことであった。

日本海軍の爆雷はこの改一号爆雷がスタートであったが、その後多少の改良が加えられ太平洋戦争で広く使われた爆雷に発展したが、基本形状などはD型爆雷に大きく違うものではなかったのであった。

爆雷の構造

爆雷の構造は水雷兵器の中では最も単純である。つまり水圧で作動する小型の信管と導火薬以外は全て炸薬で、これらが容器の中に納められているだけである。

別図に第一次大戦から第二次大戦終わりまで世

界の海軍で実用された爆雷の典型的な構造を示す。図に表わされている爆雷はD型爆雷を基本に発展した日本海軍の二式爆雷（一九四二年制式採用）の横断面図である。

外型は小型のドラム缶のような円筒状で、外隔は五ミリ厚の普通鋼板で出来ている。円筒の中心部には直径九センチほどの円筒状の空隙があり、その一方には水圧を探知する信管が取り付けられており、その反対側には爆発深度を手動で調整できるダイヤルが取り付けられている。そして爆雷が爆発予定深度に達するとバネで作動する撃針で信管を作動させ、導火薬を爆発させこの爆発力で炸薬を爆発させるのである。

日本海軍の三式爆雷の構造図

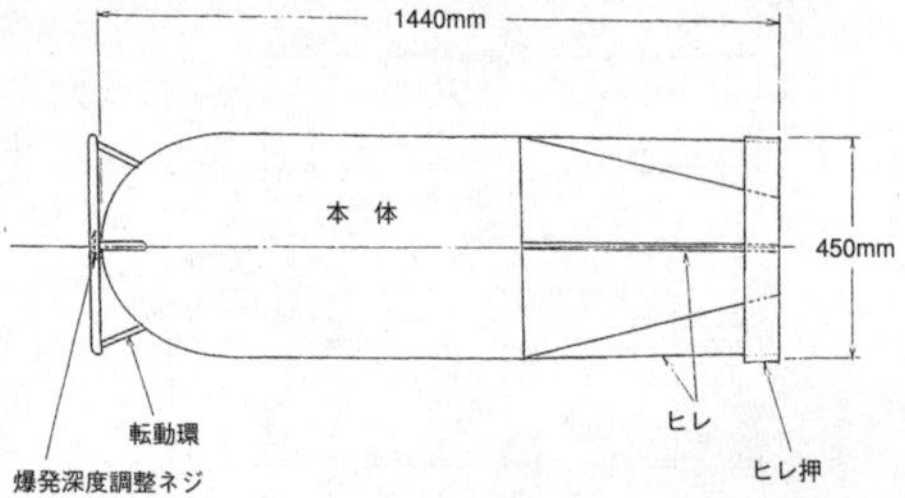

しかしこの円筒型の爆雷には基本的な欠点があった。それは海中に投下されると、その形状ゆえに水中をまるで木の葉が舞い落ちるようにユラユラと揺れながら、毎秒二〜三メートルで沈下するので、潜水艦が発達し潜水艦自体の水中速力や沈下速力が

早くなると、爆雷を投下しても爆発深度に達する前に目標を大きくそれてしまう可能性がでてきたのである。

この欠点は一度に大量の爆雷を広範囲に投下することで攻撃力をカバーすることはできるが、沈下速度を上げるための工夫、開発の必要に迫られた。

日本、イギリス、アメリカ各海軍は一九四二年から一九四三年にかけてほぼ同時に、沈降速度を上昇させる形状の爆雷を開発し直ちに実戦に投入した。形状は偶然ながらいずれの海軍の爆雷もほぼ同じ形状となった。別図に日本の開発した三式爆雷（昭和十八年制式採用）を示すが、外形は爆弾状になっており、水中を頭を下に爆弾のように直線で沈下するようになっており、沈下速度はドラム缶状の二式爆雷に比較し二倍の毎秒五メートルに改善された。

なお二式爆雷も三式爆雷も炸薬量は百キロで、水中での爆圧有効範囲は半径五十メートルであった。三式爆雷は一九四三年より量産され、太平洋戦争後半からの船舶護衛用の海防艦や駆潜艇などに搭載され広く使われたが、量産が間に合わず多くは旧式の二式爆雷が混用されていた。

爆雷の投下方法

爆雷が実用化された頃の投下方法は、駆逐艦や哨戒艇などの甲板の後端に爆雷の投下台を取り付け、そこから文字通り人力でそのまま海面に落下させる方法がとられていた。

当時の爆雷投下台の詳細の構造については不明であるが、第二次大戦中の小型艦艇や特設艦船が艦尾に簡易式に取り付けた投下台と、ほとんど同じ構造であったと考えられる。中には投下台などあらためて設けることはなく、艦尾あるいは艦尾側面の甲板際に爆雷を搭載し、命令一下、固定装置を外し人力でそれらを海面に落下するという極めて単純な方法も一般的に使われていた。

当然ながら投下に際しては、あらかじめ爆雷の爆発深度を手動で調整しなければならなかった。ただ爆雷攻撃方法が複雑化し、一度の攻撃で多数の爆雷を投下する場合には専用の投下装置を使わなければならなかった。

これらの投下装置には二種類があった。一つは艦尾に取り付けられた爆雷の連続式投下が可能な爆雷投下装置、一つは艦から離れた位置に爆雷を投下する爆雷投射装置である。爆雷投下装置だけでは爆雷の潜水艦への打撃は限定された範囲にしか及ばないので、潜水艦に推定潜伏位置と爆雷投下位置に大きな誤差があればその攻撃は失敗である。より確実な攻撃効果を狙うには可能な限り広い範囲に多くの爆雷を投下する

爆雷固定器（簡易式爆雷投下装置）

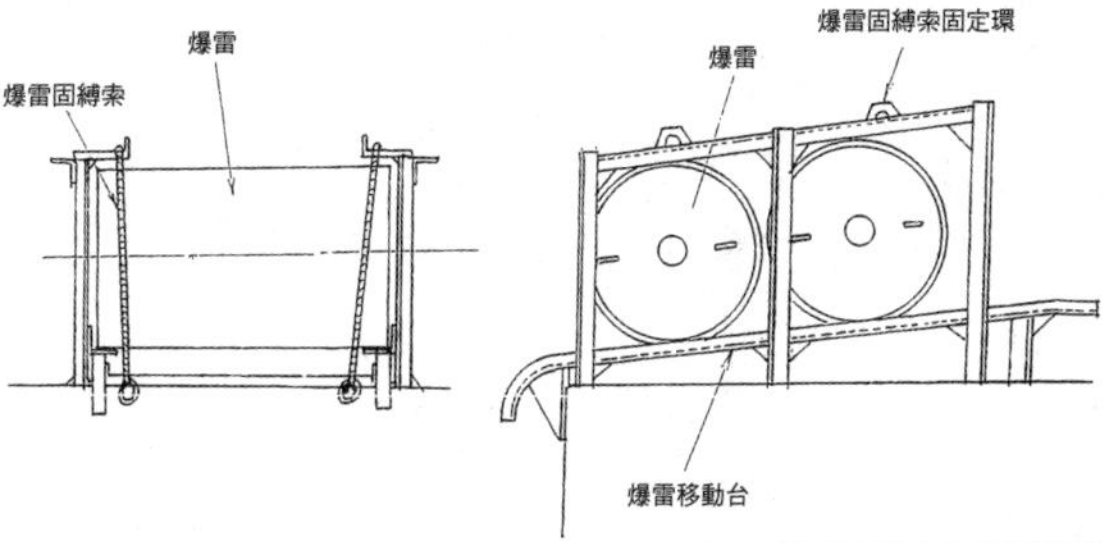

ことである。そのための手段が爆雷投射器を使用し艦の中心線から離れた位置への爆雷の投射である。そして敵潜水艦の潜伏予想位置が確定された場合には、その位置で爆雷投下台と爆雷投射器から同時に数個の爆雷を投下できればより大きな爆発効果が期待できるのである。

まず別図に爆雷投下台（予備爆雷を多数搭載し、これらを連続して投下できる仕掛けにしてあるために、これらを一括して爆雷投下軌条と呼ぶ場合もある）を示す。

この装置は予備爆雷を多数搭載し、これらを連続して投下できるように、爆雷投下台（爆雷投下軌条）には投下位置に向かって緩やかな傾斜が付けられている（末端の爆雷が投下されるとその空所に自動的に次々と爆雷を移動させるため）。

この装置は第一次大戦末期頃にはすでに完成して

いたものであった。ただ一九一七年頃までは数個の爆雷を並べたより簡便な装置が一般的な爆雷投下装置であったようである。

爆雷投射器は第一次大戦末期にイギリス海軍ですでに開発され一部の駆逐艦で試用されているが、まだ実用的な装置ではなかった。爆雷投射器が実用化され出したのは一九二〇年中頃で、いずれの海軍も実用に供したのはそれから十年以上後の第二次大戦であった。

実用化された爆雷投射器の基本構造と機能はその後大きく進化することはなく、投射距離も必要とされる距離は五十メートルから最大でも二百メートル程度で十分であったのである。

爆雷投下器（爆雷投下軌条）

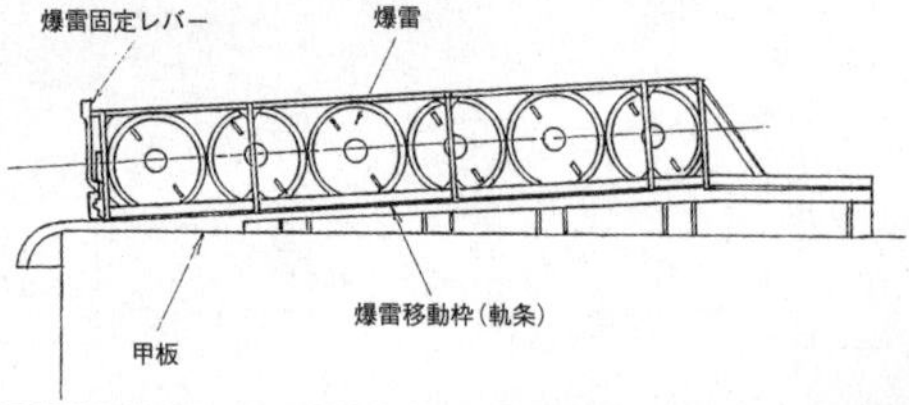

別図に日本海軍が使用した爆雷投射器を示す。ここに示されるように爆雷投射器には片舷投射専用のものと、両舷投射専用のものがあった。片舷投射用の投射器はその形状からアメリカ海軍やイギリス海軍では「K砲」と呼ばれ、両舷投射用の投射器はその形状から「Y砲」と呼ばれていた。爆雷投射器の構造

を図で説明するが、これは世界共通の構造である。

片舷投射器も両舷投射器も射出角度が五十度に固定された砲身（内径二十三センチ、長さ七十センチ）と、爆雷を投射する爆薬を装填する発射薬室とから構成され単純な構造である。

片舷用爆雷投射器（K砲）

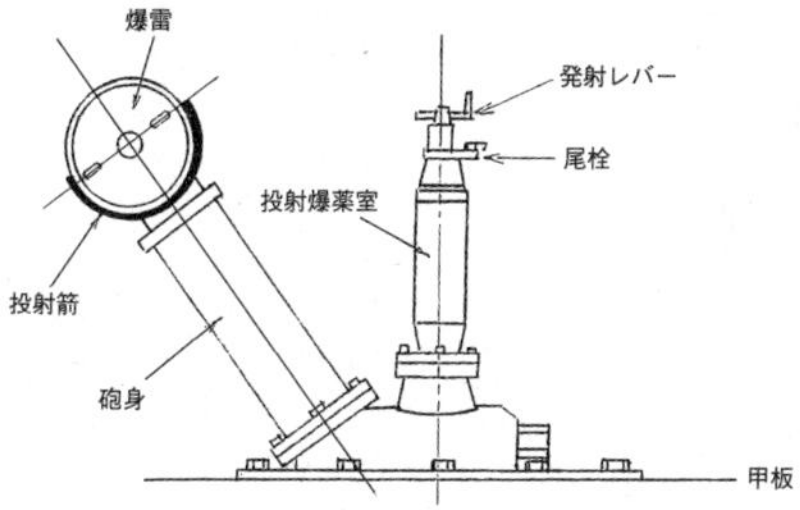

爆雷を投射する際にはまず砲身に投射箭を挿入する。この投射箭は投射される爆雷の受け台になるもので、長さ六十センチ、直径二十二センチの底を塞いだ筒の先端に、爆雷が乗せられる半円形の受け台が取り付けられたものである。

砲身に投下箭が差し込まれ、受け台に爆雷が置かれると発射準備となる。次に爆雷投射用の薬室に薬包が挿入される。そして撃鉄を押すと薬包は爆発し、その爆圧は砲身の底から砲身内に伝搬され投下箭は爆雷を乗せたまま投射されることになる。

打ち出された爆雷と投射箭は一体となって飛び

両舷用爆雷投射器（Y砲）

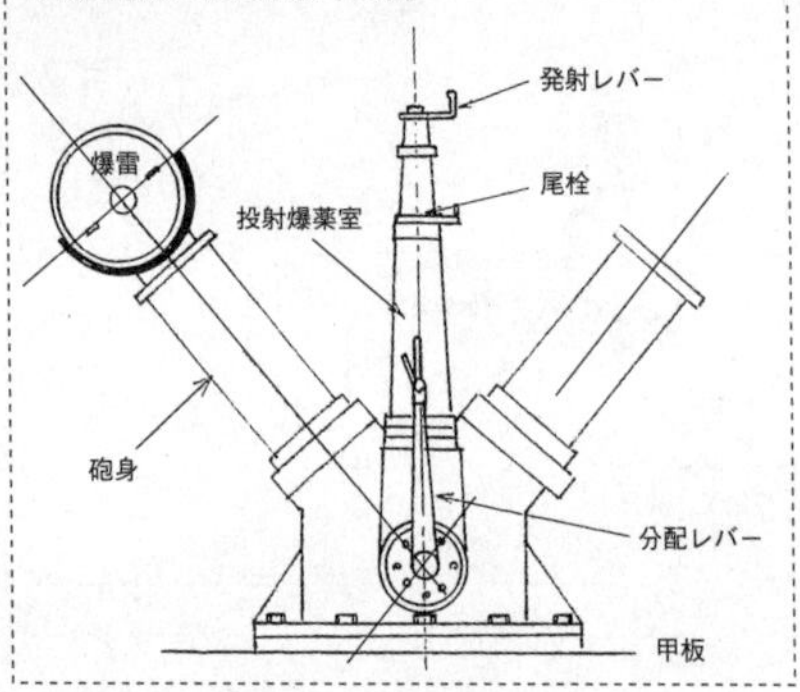

出すが、投射箭は途中で分離し爆雷だけが目的の距離まで投射され、海面に落下した爆雷は海中を沈下し、設定深度で爆発するのである（投射箭は使い捨てである）。

　両舷用の投射器は一度に左右両方の爆雷を投射することもできるが、片方だけの投射も可能である。ただ両舷投射の場合は爆発力が二つに分散されるために投射距離は短くなる。しかし片舷投射にした場合は爆発力は一方に集中するために投射距離は伸びる。

　一般に片舷投射器の爆雷投射距離は五十メートルから二百メートルの範囲であり、両舷投射器の爆雷投射距離は、日本海軍の九四式投射器の場合は片舷投射の場合で百五メートル、両舷投射の場合で七十五メートル、また強い薬包を使うことにより片舷投射の場合で二百十メートル、両舷投射の場合で百四十メートルの範囲の投射が可能であった。

　日本海軍の二式爆雷や三式爆雷の場合の爆発時の有効爆圧半径は五十メートルとさ

れているために、護衛艦艇が爆雷を投下する場合例えば次のような方法で爆雷は投下される。

艦尾の爆雷投下器から一個の爆雷を投下し、同時に両舷用の爆雷投射器で各一個の爆雷を投射した場合、図のように護衛艦艇の船首尾の中心線の中央と両側七十五メートルに投下された爆雷はそれぞれ投下地点を中心に半径五十メートルの爆圧効果が期待できる。

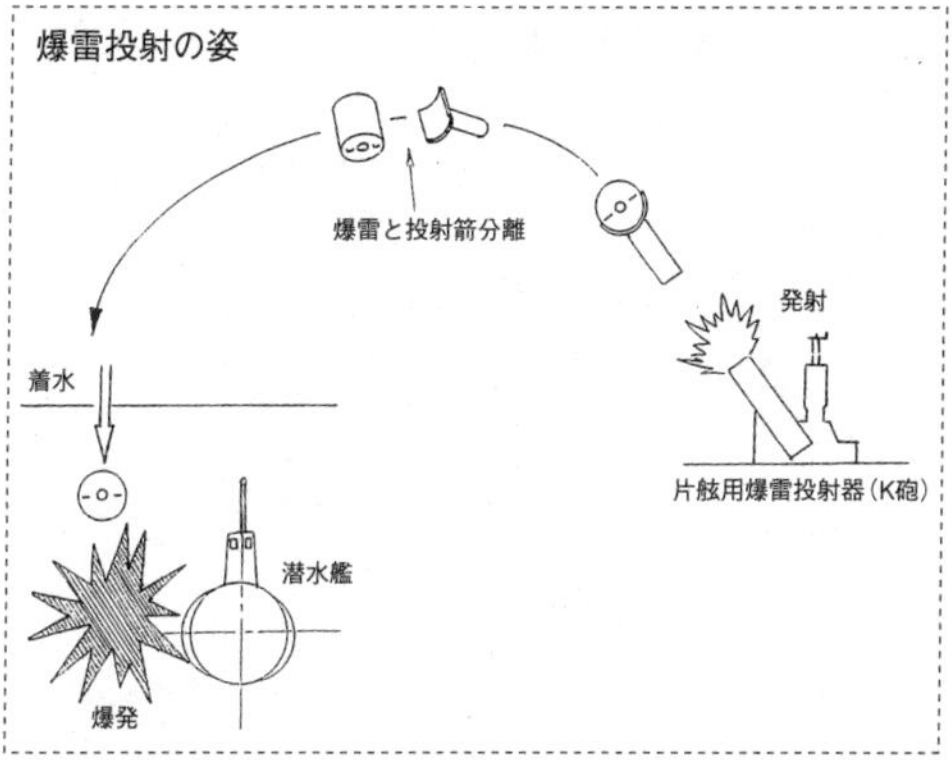

つまり爆圧効果は船の中心線の両側二百五十メートルに潜伏する潜水艦に何らかのダメージを与えることができるのである。しかし一回の投射で潜伏する潜水艦に決定的ダメージを与えることは困難であるために爆雷は連続して投下され、爆発効果範囲をできるだけ広範囲にするのが通常の攻撃方法なのである。また潜伏する潜水艦の深度も探知誤差があり、また攻撃開始前に急速に潜航することも考えられる。このた

日本海軍二号海防艦の爆雷兵装図

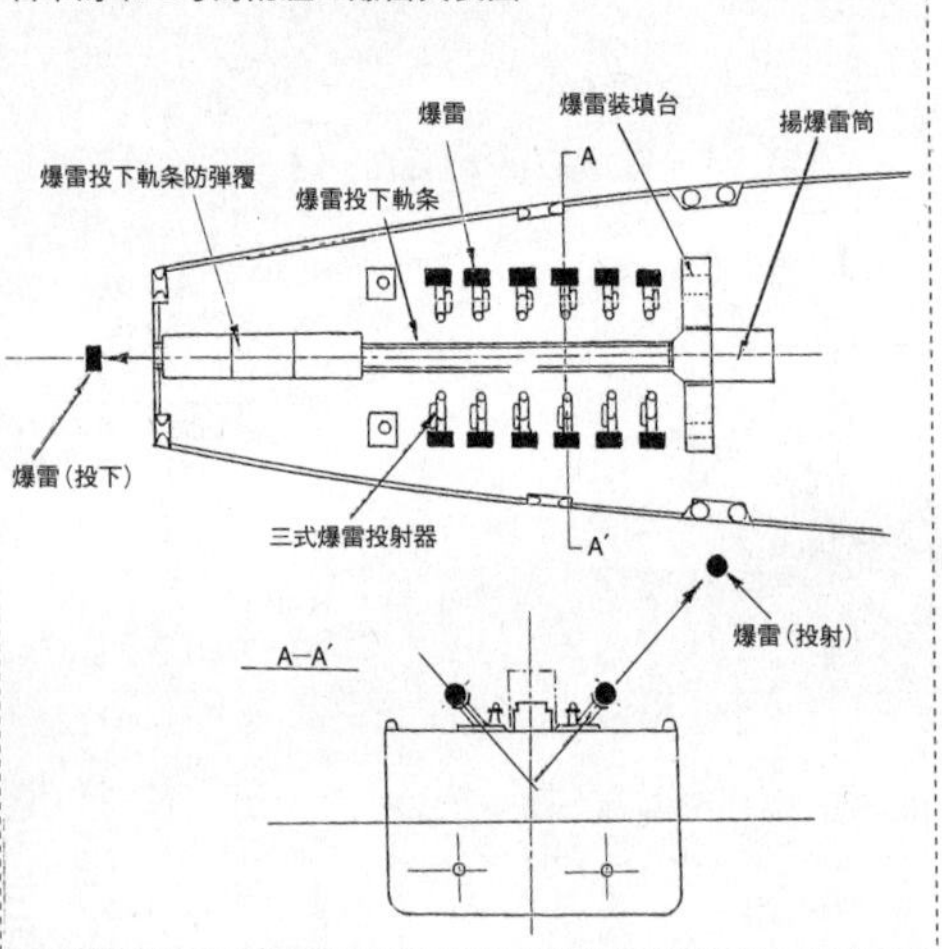

めに爆雷の投下にあたってはつねに爆発深度を変える必要もあり、爆雷攻撃も決して容易なものではないのである。

　太平洋戦争末期に日本海軍が建造した量産型海防艦の二号海防艦（竣工時期一九四四年九月〜一九四五年八月）の爆雷兵装を別図に示す。

　この海防艦は艦尾中央に爆雷投下軌条一基が配置され、同時に艦尾両舷側に片舷投射用の爆雷投射器（K砲）がそれぞれ六基配置されている。この艦の爆雷搭載量は百二十発である。つまり一回の爆雷攻撃で両舷の各六発、これに併せて船体中心線上の六発、合計十八発の爆雷を投射あるいは投下することができ、爆発深度を五十メートルに設定すれば、少なくとも艦艇の中心線に沿って深度ゼロメートルから百メートル、幅二百五十メートル、長さ四百五十メートルの範囲の爆雷制圧が理論的には可能になるはずなのである。

余談であるが、護衛駆逐艦がドイツ潜水艦を何度も爆雷攻撃するシーンを描いたアメリカの有名な戦争映画『眼下の敵』がある。これはアメリカ海軍のバックレー級護衛駆逐艦とドイツ潜水艦との息づまる戦闘場面を描いたものであるが、ここには護衛駆逐艦の艦尾に搭載されている爆雷投下台と爆雷投下軌条の動き、爆発深度を設定するためにダイヤルを調整する動作、K型爆雷投射器とその操作方法、爆雷と爆雷投下箭の取り付け手順、爆雷の投射状況と爆雷の爆発の様子など余すところなく見事に描かれており、爆雷戦の姿を学ぶ良い教科書としてお勧めできる。

前投式爆雷

この形式の爆雷の研究開発が始まったのは一九三〇年代に入った頃で、イギリス海軍の手で始められた。そして完成したのがヘッジホッグ（Hedge Hog）やスキッド（Skid）である。

これらの爆雷は従来の爆雷と違い、この装置を搭載する艦は前方に向けても爆雷投射が可能になった。つまり敵潜水艦に対する先制攻撃を可能にした兵器なのである。

従来の爆雷は敵潜水艦の潜伏位置が探知された場合に、その位置（付近）に到達した攻撃側の艦が爆雷を投下するものであり、爆雷はあらかじめ敵の位置を探知し、これに先制攻撃を加える武器とは言い難かった。爆雷はつねに攻撃されてから、あるいは攻撃の気配がある場合に攻撃を仕掛ける武器で、後手に使われる兵器という認識であった。

しかしこの前投式爆雷は相手の存在が確認された場合に、先制して敵の潜伏位置に対して爆雷を投射できる兵器であり、敵潜水艦へ先制攻撃を仕掛けられる画期的なものであった。

イギリス海軍は第一次大戦でドイツ潜水艦の攻撃の恐ろしさを身を持って学んだ。そして大戦終了後に潜水艦攻撃に有効な様々な兵器の開発を進めた。

この間にイギリス海軍が開発した有力な潜水艦攻撃用の兵器の一つがソナー（SONAR = Sound Navigation Ranging）である。これは攻撃側の艦艇の船底に超音波発進装置を取り付け、方向性を持って発射された音波が目標（敵潜水艦）に反射された場合、この反射波を探知し、目標の存在位置を確認する装置である。

そして潜航している敵潜水艦の位置が確定（推定位置）できれば、その位置に艦艇を進め爆雷を投下し、敵潜水艦を撃滅するという画期的な装置であった。

イギリスは第二次大戦勃発以前より電波兵器の研究に着手しており、多くの先進的な電波兵器の開発を行ない、その幾つかはドイツやアメリカに先がけて第二次大戦で実用化された。例えば航空機探知用のレーダー、爆撃機の編隊に正確な針路指示を行なう爆撃誘導装置、爆撃機に搭載し夜間でも攻撃目標を鮮明に確認できる対地用レーダーなどである。

開発されたソナーやレーダーの技術は、第二次大戦に参戦したアメリカにも積極的に供与され、その後アメリカ独自の技術も取り入れながら、日本とは比較にならない優れた電波兵器として第二次大戦で縦横の活躍をすることになったのである。

開発されたソナーの目標の有効探知距離は、海中の状況（海水温度差、海水の塩分濃度差、海底の状況、付近に魚群が存在する場合等）に影響を受けやすいが、一般的には八百〜千八百メートルとされていた。

しかしこのソナーには基本的な欠陥があった。それはソナーの目標探知能力がある一定の近距離以内では急激に低下するという現象を持つことであった。

具体的には艦艇のソナーで潜航中の敵潜水艦を発見し、目標が潜伏する位置と深度をほぼ正確に探知し攻撃のために艦を進め、探知した目標から三百メートル以内に艦を接近させると、目標手前二百五十メートル付近からソナーの目標探知能力は急速に

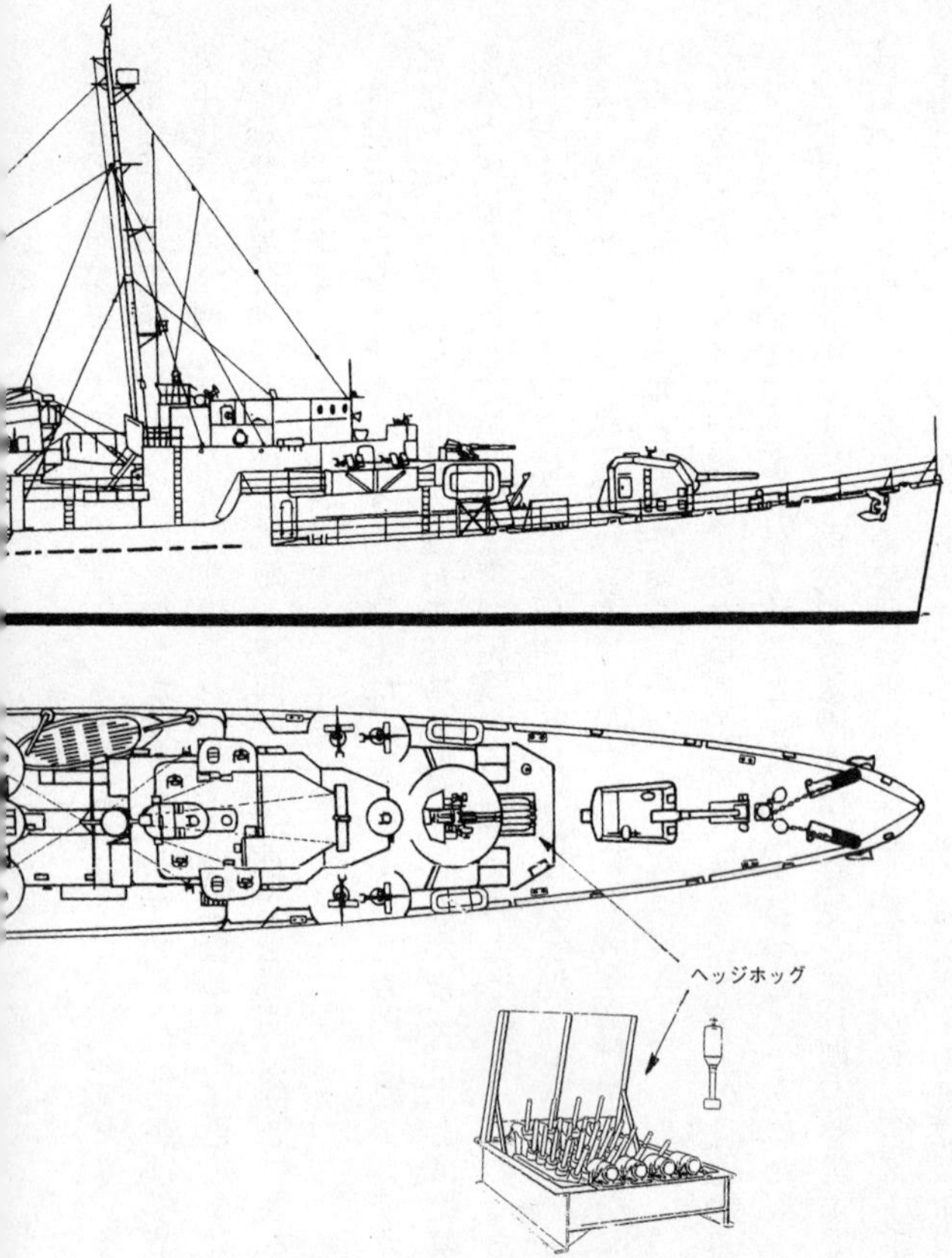
ヘッジホッグ

アメリカ海軍護衛駆逐艦の対潜水艦攻撃兵器配置図

バトラー級護衛駆逐艦

基準排水量：1275トン
最高速力：30ノット
兵　　装：5インチ単装両用砲2門
40ミリ連装機関砲2基
20ミリ単装機関砲10門
爆雷投下軌条　　1基
片舷用爆雷投射器　8基
ヘッジホッグ　　1基

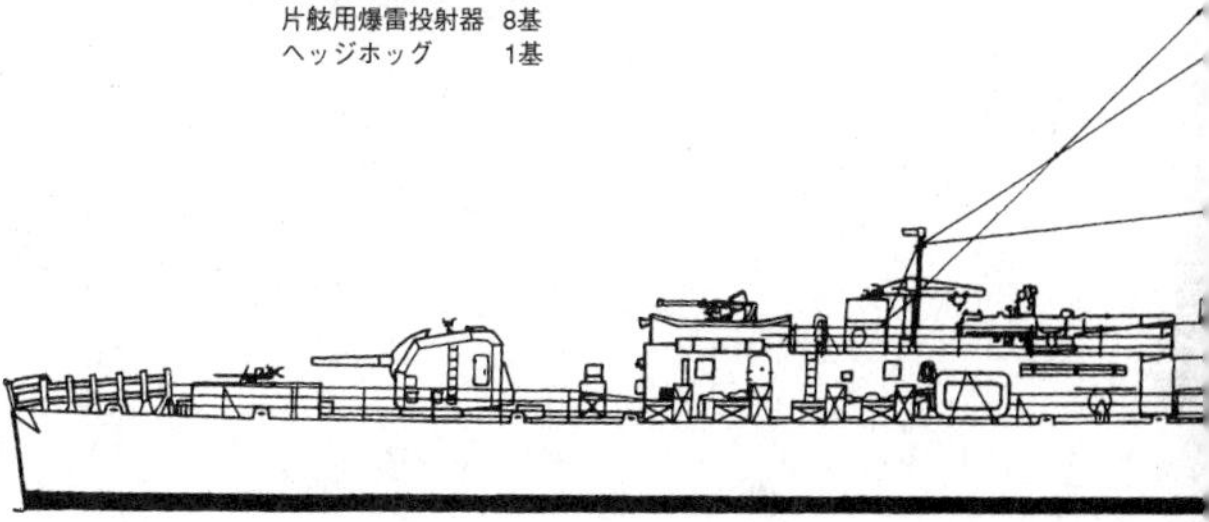

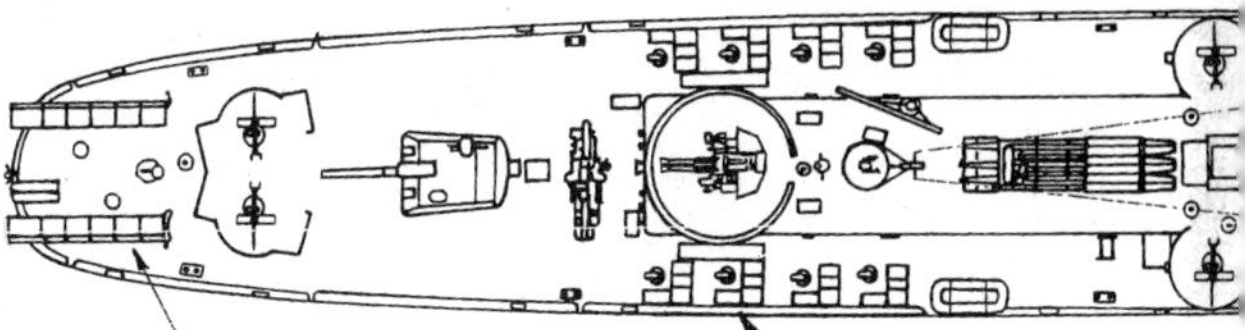

爆雷投下軌条

片舷用爆雷投射器（K砲）

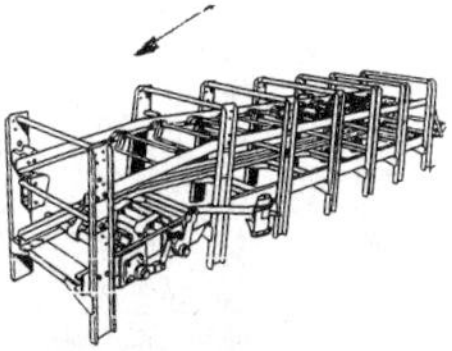

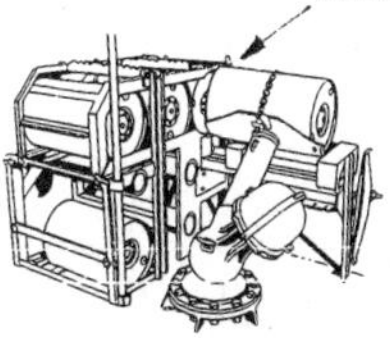

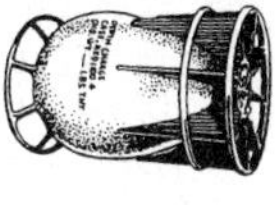

急速沈下型爆雷
（Mk9またはMk14爆雷）

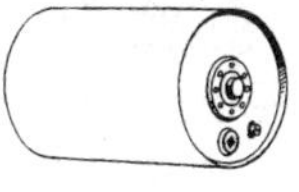

旧型爆雷
（Mk6またはMk8爆雷）

低下してしまうことである。このために攻撃側の艦が爆雷を投下する位置は、敵潜水艦が潜伏する正確な位置とは言いにくいものであった。

つまり攻撃位置に艦が到達し爆雷攻撃を開始するまでの間に、敵潜水艦が急速に移動した場合には、確定された攻撃位置と実際に潜伏する潜水艦との間に位置のずれが生じ、効果的な攻撃ができなくなることが予想されるのである。

ソナーの持つこの欠点を補うものとしても、ヘッジホッグやスキッドは半ば理想的な兵器となったのである。つまり攻撃側の艦の針路の前方三百メートル前後に敵潜水艦を探知した場合、艦は直ちに前投式爆雷を前方の目標に向けて発射し、これに先制攻撃をかけることができるのである。

スキッドは直径三十センチ、長さ七十センチほどの爆弾型の小型爆雷の投射装置のことで、この小型爆雷を迫撃砲のように専用の砲身（単なる筒）から前方に撃ち出す装置である。ただ発射用の砲身は通常は三連装となっており、各砲身には左右に多少の角度が付けられている。

スキッドの射程は二百五十〜三百メートルで、角度がついて打ち出された小型爆雷は、弾着地点では一辺が四十メートルの三角形状に散布される。沈下した小型爆雷は所定の深度で爆発するが、爆発点を中心に半径七メートルの範囲に強力な爆圧を及ぼす。

スキッドは基本的には艦艇の艦首甲板に一基搭載されるが、攻撃効果を高めるために数基搭載する場合もある。

ヘッジホッグは基本的にはスキッドと同じ考え方の対潜兵器であるが、より高い攻撃効果を狙った兵器である。

スキッドの外型図と投射概念図

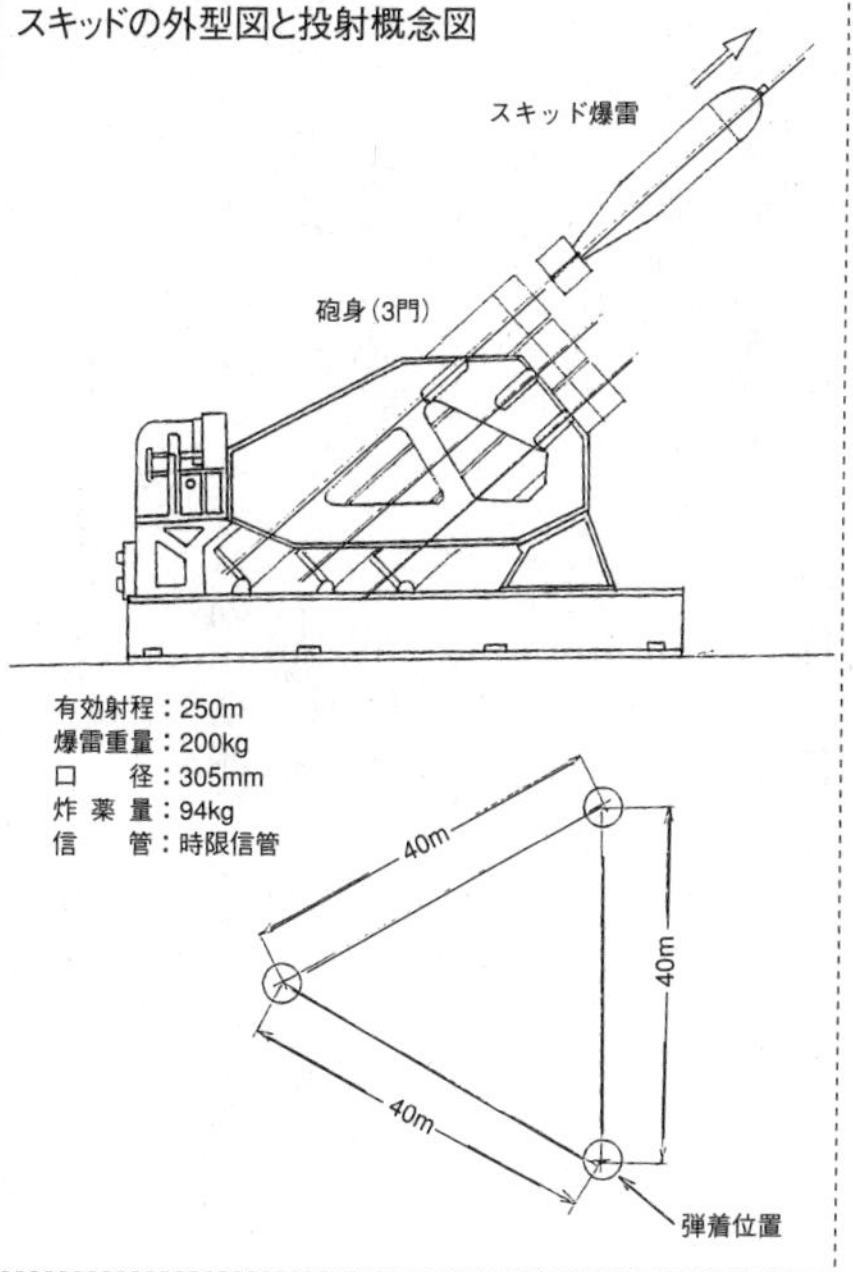

ヘッジホッグとは「ハリネズミ」の意味であるが、これは多連装にセットされる小型爆雷のセッティング装置（軸）が、ハリネズミの背中の針を連想させるために付けられた名前なのである。ヘッジホッグの本体は、直

径十八センチ、長さ六十センチのソーセージ状の弾頭の後部に発射装置に取り付けるための軸が装備された超小型爆雷で、重量は二十九キロ、内部には十五キロの爆薬と信管が内蔵されている。

ヘッジホッグ爆雷は縦六列、横四列の二十四連装の発射装置（ハリネズミ状の装填金具が並ぶ）に装填され、二十四発の爆雷は弾着時間が同じになるように、〇・二秒間隔で二発ずつ発射される。発射されたヘッジホッグ弾頭は、艦艇の前方二百〜二百六十メートルの位置に、さながら投網を投げたように直径四十メートルの円形状に同時に弾着する（実際には円形状というよりもハート型に近い形の弾着となる）。

このヘッジホッグ小型爆雷は特殊な機能を備えていた。この爆雷は触発信管を備えており、海面に広く弾着した二十四個の弾頭が沈下しながら、もし一発も潜伏している敵潜水艦に当たらなかった場合には、二十四発の爆雷は全て爆発せずに海底に沈んでしまうのである。しかし一発でも敵潜水艦に当たった場合にはその弾頭は爆発し、その爆発の衝撃で他の二十三発のヘッジホッグ爆雷全てが爆発する仕掛けになっているのである。

つまりヘッジホッグ爆雷を投射して、前方で爆発が起きなかった場合には、敵潜水艦の潜伏位置に誤差が生じていることを意味し、爆発による海中の攪乱の影響を受け

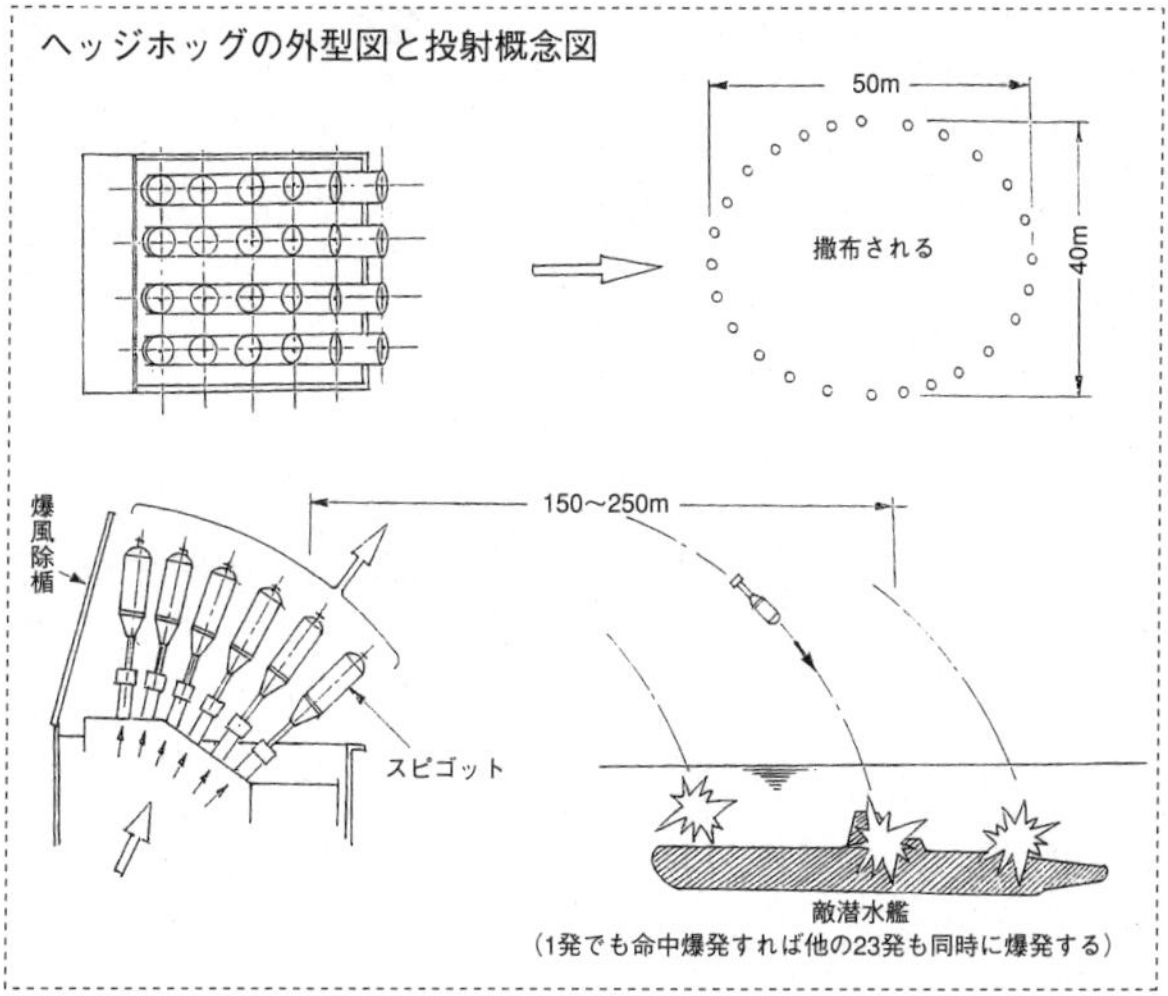

ることなく、直ちにあらためて敵潜水艦の探知を開始できるのである。一方もし爆発が起きれば、敵潜水艦に損害を与えたと同時に、潜伏個所もより正確に確認することができ、新たに通常爆雷による攻撃を徹底して行なうことができるのである。

イギリス海軍は一九四三年以降、スキッドとヘッジホッグの両方を併用して積極的な潜水艦攻撃を展開した一方、アメリカ海軍はヘッジホッグのみを採用することになり、同じく一九四三年中頃より全ての駆逐艦、その後新造された大量の護衛駆逐艦、フリゲートなどに搭載し、太平洋、大西洋の両戦闘海域で通常爆雷と併用して強力な潜水艦攻撃の態勢を整えたのであった。

日本海軍もドイツ海軍も、米英海軍の前投射式の新型の爆雷と最新性能のソナー、そして既存の爆雷による系統だった攻撃の前に、潜水艦作戦は一九四三年後半頃からは損害が急速に増えていった。

スキッドもヘッジホッグも第二次大戦後もしばらくの間、自由主義圏海軍の護衛艦艇で多用されていたが、潜水艦の規模が大型になるにしたがい打撃力の弱さからこれら小型爆雷は消滅することになった。

ただイギリス海軍ではヘッジホッグに比べると打撃力が比較的大きなスキッドをその後も常用し、一九七七年頃まで第一線兵器として使っていた。

日本海軍では太平洋戦争の全期間を通じ前投射式爆雷の開発はなかった。その理由としては、従来の爆雷の機能の発想を転換するような、積極的思考がなかったと考えるべきなのであろう。

ただ極めて原始的な前投射式爆雷の考えは、戦争の後半に一部陸軍に徴用された輸送船で実用化されていた。それは商船の船首甲板に陸軍の迫撃砲（七十ミリ、八十八ミリ迫撃砲）を一門配置し、航行中に針路の前方（距離二百〜五百メートル）にこれら迫撃砲弾を打ち出すのである。弾着した弾丸は海中で爆発するが、これは爆発音で敵潜水艦を威嚇する意味合いが強く、とても攻撃兵器になるものではなかった。

エレクトロニクス技術の開発が日本に比べ格段に先行していたアメリカとイギリスでは、ソナー装置を備えたソノブイ（浮遊式潜水艦探知装置）を開発し敵潜水艦攻撃に活用した。ソノブイは航空機から海上に投下されるもので、海面に浮かんだソノブイは、内蔵した電池が切れるまでソナー装置が機能し潜水艦の探知を続ける。そして探知信号はつねにソノブイに取り付けられた送信装置から発信され付近の上空を飛行中の攻撃機がこれを着信する。

潜水艦攻撃用の攻撃機は複数のソノブイを搭載しており、適宜ソノブイを投下し潜水艦の潜伏位置を次第に正確に狭めて捕らえて行くのである。

敵潜水艦の所在が確認されれば攻撃機は直ちに爆雷攻撃を開始したり、戦争最終時期にはホーミング魚雷を投下し敵潜水艦に止めを刺す戦法もとられたのである。

対潜水艦爆雷攻撃方法

第一次大戦中の爆雷攻撃にはまだ十分な攻撃方法やパターンは確立されておらず、その場に応じた攻撃が行なわれていた。何しろこの頃は、敵潜水艦の潜伏位置はある程度の誤差を持った中での探知しかできなかったのであるから、攻撃もある意味では

「当てずっぽう」的な方法で行なわれていたのが実情であった。

しかしソナーが開発され、爆雷投射器や前投射式爆雷投射撃器が開発された第二次大戦では、潜行する潜水艦の攻撃方法も確立されていった。しかし当時のソナーの探知性能には限界があることから、攻撃方法も潜伏位置の探知誤差を踏まえた、比較的広い範囲に対する爆雷攻撃が常套手段となっていた。

ここで第二次大戦中に各国海軍が採用していた爆雷攻撃パターンを紹介しよう。

別図の攻撃パターンA図は、推定潜伏位置に対する爆雷投下器（爆雷投下軌条）からの爆雷投下攻撃の場合である。艦艇をあらかじめ敵潜水艦が探知された位置（推定）の上を通過するように航行させ、その間に爆雷を連続して投下する方法である。この場合の爆雷投下数は三〜五個程度であることが、戦闘記録から読み取れる。

別図の攻撃パターンB図は、片舷投射用のK砲と爆雷投下器からの爆雷投射・投下を併せて行なう方法で、爆雷投射器が複数であれば爆雷投下器からの爆雷とあわせ、一回の攻撃で合計四〜八個の爆雷投下が可能で、攻撃範囲も広がる。

別図の攻撃パターンC図は、爆雷投下器と片舷用爆雷投射器（K砲）あるいは両舷用爆雷投射器（Y砲）の併用で攻撃する場合である。Y砲は通常は三基搭載が最大であり、一回の攻撃でY砲による両舷各三発と爆雷投下器からの三発の合計九発の爆雷投射が最大である。しかしＫ砲搭載の場合、日本の後期に建造された海防艦の場合にはＫ砲を片舷六あるいは八基搭載の例もあり、この場合は一回の攻撃で両舷と船体中

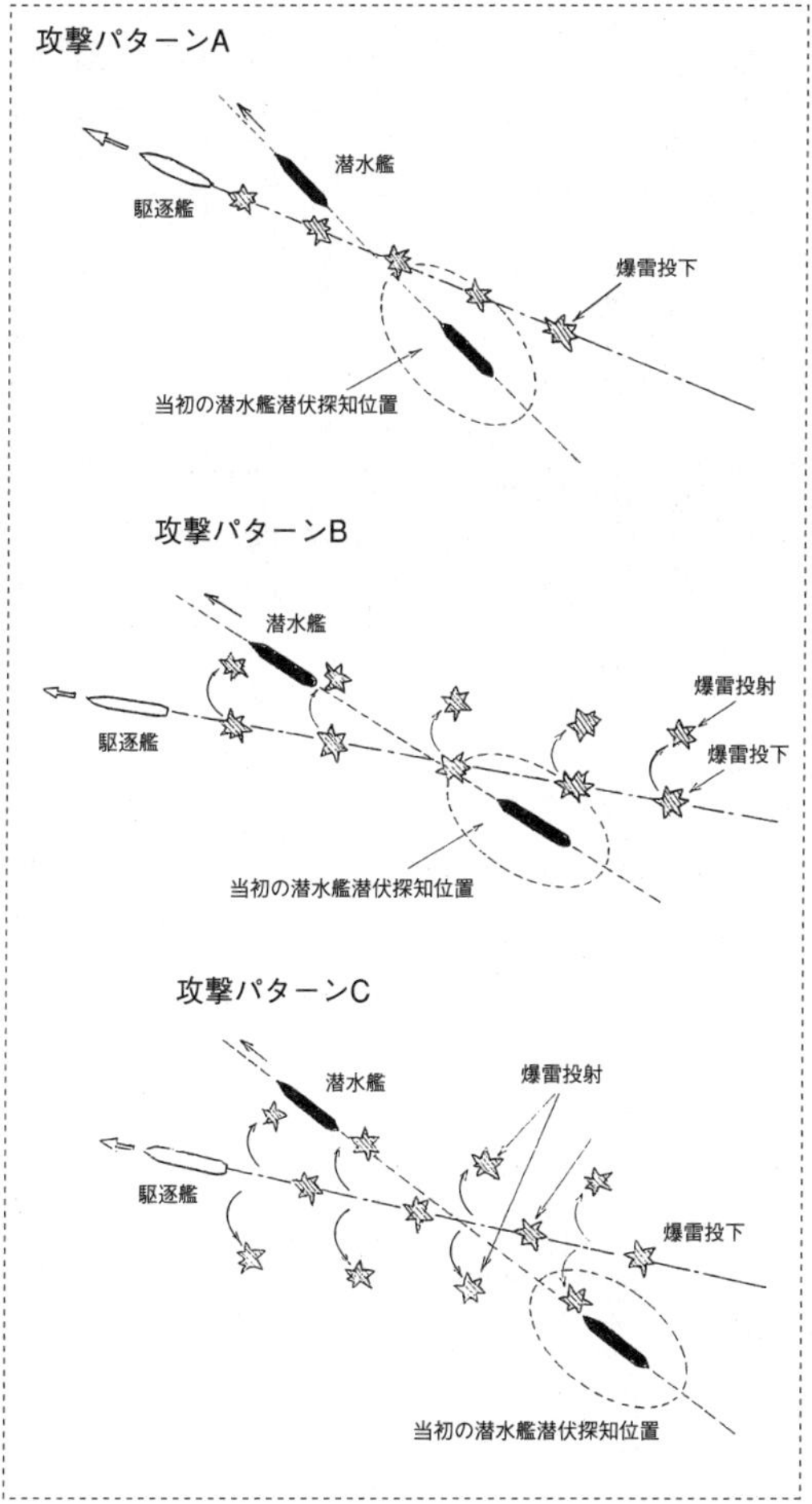

心線をあわせ、合計十八あるいは二十四発の爆雷の投下が可能となり、極めて強力な攻撃態勢をとることができた。

ちなみに片舷各六基のK砲を装備している海防艦の場合、爆雷の爆圧効果範囲を半径五十メートルとし、投射距離を八十メートル、各爆雷の爆発深度を五十メートルとした場合には、各爆雷の投下間隔を百メートルに設定すると、十八発の爆雷投下でできる爆圧効果範囲は、幅二百六十メートル、全長六百メートル、深度百メートルの範囲に潜伏する敵潜水艦には理論的には何らかのダメージを与えることが可能なのである。

またより攻撃効果を上げるためには爆雷投下間隔を狭めることにより効果を得ることもできるのである。但し敵潜水艦の潜伏位置を誤差探知した場合には、投下した爆雷全てが無駄になることもある。つまりより攻撃効果を高める方法は、繰り返しのソナー探知と、執拗なまでの繰り返しの爆雷攻撃以外にないのである。

別図の攻撃パターンD図は、ヘッジホッグ投射の場合である。ヘッジホッグやスキッドの活用はソナーの目標探知精度が高いことが必要条件である。

敵潜水艦の潜伏位置をある程度正確に探知すると、まず目標に向けてヘッジホッグ爆雷やスキッド爆雷を投射する。ヘッジホッグの場合は艦艇の前方二百～二百六十メ

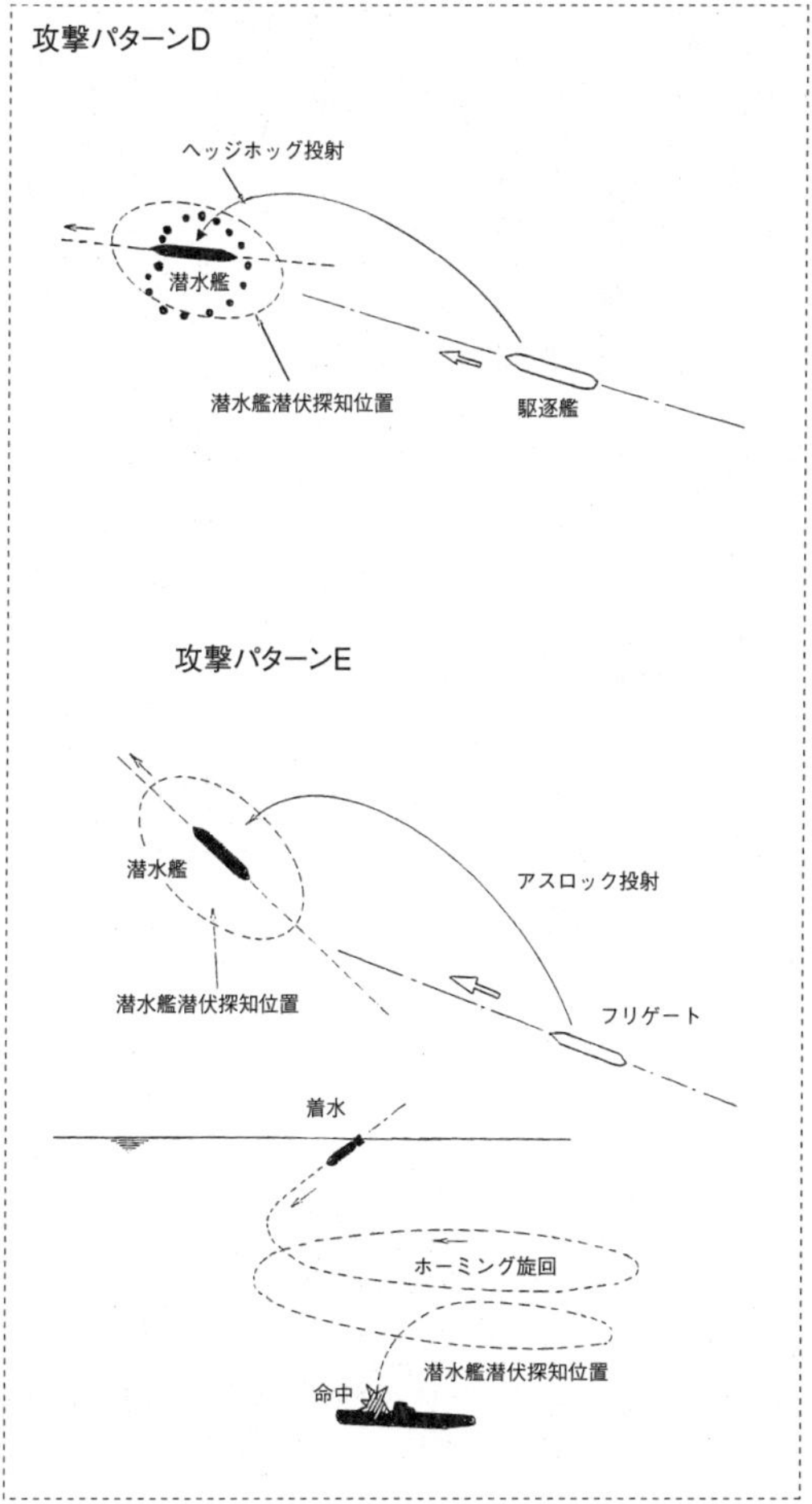

ートルに小型爆雷二十四発が一度に投射される。二十四発の小型爆雷は直径約四十メートルの範囲に、ほぼ円形状に弾着し沈下する。もし二十四発の爆雷のうち一発でも

潜伏する潜水艦に接触すれば、その一発は当然爆発するが、その爆発の衝撃で残りの二十三発全てが爆発する。

この場合二十三発のうち数発は潜水艦の至近の位置あるいは船体に接触して爆発する可能性が大きい。つまり標的となる潜水艦に打撃を与えるとともに、潜水艦の所在もハッキリとわかってしまうのだ。そこで攻撃艦艇はその爆発位置に直進し、多数の爆雷を投下することにより標的潜水艦により大きなダメージを与え、かなり高い確度で相手を撃沈することもできるのである。

別図の攻撃パターンE図は、第二次大戦後から本格的に使用が開始されたホーミング魚雷による攻撃の場合である。

敵潜水艦の潜伏位置がソナーで確認されると、護衛艦からは短魚雷（ホーミング魚雷）が発射される（ソノブイを使い敵潜水艦の潜伏位置を探知し、航空機からホーミング魚雷を投下する場合もある）。

短魚雷は着水すると潜行を始め、多くの場合右旋回しながら海中を螺旋状に巡りながらホーミングする。そして目標を認めた場合には直ちに目標に向かって直進し、目標に命中するのである。

現代の対潜水艦戦闘では、攻撃面や命中精度で不確定要素の高い従来型の爆雷は、目標の大型化もあり攻撃力の弱さや確実性の低さから完全に姿を消してしまった。つまり爆雷に代わる水中兵器はここでも魚雷型が中心になっているのである。

ここで水中にあって見えない敵潜水艦の撃沈や撃破が、どのように判定されるかについて若干の説明を加えておきたい。

水中にある潜水艦に対する攻撃の効果は直接目に見えないだけにその判定は難しい。第一次大戦においても第二次大戦においても数限りない爆雷攻撃は行なわれたが、目標の潜水艦が撃沈されたか、あるいは破壊されながらも沈没せずに逃げ失せたか、の判断は実際の攻撃側の主観に頼ることが多かった。猛烈な爆雷攻撃の後に何らかの攻撃効果の証拠が現われるか、あるいはソナーからそれまであった敵潜水艦の反応が消える、ということが攻撃効果を左右する証拠となっていたのだ。ソナーが開発されていなかった第一大戦当時の攻撃効果の判定はより困難であったであろう。

潜水艦の構造（特に断面構造）は高い水圧に耐え得る十分な耐圧設計の下で設計され工作されているために、爆雷攻撃を受けても容易に船体は破壊されるものではない。しかしそれも限度問題で、爆雷の爆発が船体に接触して起きた場合や、爆発が船体から数メートルの位置で起きた場合、あるいは船体の対水圧限界深度付近で爆雷の爆発が起きた場合には、船体構造物は確実に破壊される。

爆雷の至近距離爆発などで恐ろしいのは、船体外板（船殻）に発生した亀裂で艦内に浸水が始まることである。もし亀裂の規模が大きければ、また潜水深度が大きければ強い水圧で浸水はより激しくなり、容易にそれを止めることはできない。つまり潜航したまま沈没の危険が迫るのである。またより強力な爆発により船体が破壊して確実に沈没する場合もある。

攻撃された潜水艦が現在どのような状況にあるかを、攻撃側はある程度把握することはできる。潜水艦の断面構造は安全のために二重構造になっているのが常識である。この場合二重構造の外側は燃料タンクや潜水艦の潜航、浮上を司る空気タンク、バラストタンクとして使用されるのが一般的である。

爆雷攻撃を受けた潜水艦の船体の二重構造の外隔が破損した場合、亀裂の隙間からは燃料の重油が漏れ出すことは多く見られる現象である。しかし燃料タンクの外板に亀裂が生じ燃料が漏れても、直ちにその潜水艦が危険な状態に陥ったとは断定できない。

潜水艦攻撃に関わる多くの戦闘記録の中には、爆雷攻撃の結果、海面に重油が浮き上がり出した、として直ちに潜水艦一隻撃沈あるいは撃破として記録されている例を見かける。しかしこれは潜水艦にとっては多くの場合「小破」程度の損傷で、無事にその場から離脱する例はいくらでもあるのである。

爆雷攻撃で確実に相手を撃沈したとする証は、例えば攻撃の最中に海中から巨大な泡が幾つも浮き上がってくる場合がある。これは船体が大きく破壊され、船内の空気のほとんどが海面に噴き出す現象で、浮上することは全く不可能であることを意味している。つまり目標潜水艦を確実に撃沈したのである。

またこの現象と合わせ、海面に様々な物体（艦の装備品、乗組員の備品、衣類、時には乗組員の遺体など）が浮き上がってきた場合には、目標潜水艦は確実に撃沈されたことを意味するのである。また同時にソナーにそれまでの反応が消えれば撃沈は確実となるのである。また時には水中聴音器に目標の潜水艦の破壊が進み、また高い水圧に耐え切れずに船体が「圧壊」する音が聞こえる場合もあり、撃沈を確定することができるのである。

潜水艦攻撃の実例

その1　アメリカ潜水艦トラウト（S202）の撃沈

一九四四年二月二十九日の午後五時四十八分、船団護衛中の駆逐艦「朝霧」は、左舷真横約千二百メートルの位置に潜水艦の潜望鏡を発見した。「朝霧」は直ちに速力を三十ノットに増速し、深度六十メートルにセットした二式爆雷を艦尾に装備された一基の両舷用爆雷投射器にセットし、潜航推定位置上に達すると投射した。また同時に爆雷投下器からも爆雷を連続して二発投下した。「朝霧」は敵潜水艦の移動を推測しながら繰り返し爆雷攻撃を行ない、合計十二発の爆雷を投下した。

「朝霧」は敵潜水艦の潜伏位置を繰り返し水中探信儀（ソナーの日本呼称）で探知を続けた。午後六時十分、水中探信儀が敵潜水艦の潜航位置をかなり正確に探知した。「朝霧」はその位置に爆発深度八十メートルで爆雷を合計七発連続して投下した。

爆雷を投下した後、爆雷が爆発した位置の海面に突然、大量の重油が浮かび上がってきた。その六分後、水中聴音器に海中で発生する鈍い破壊音が受信された。

午後六時二十二分、「朝霧」は敵潜水艦の潜伏推定位置に深度百二十メートルにセットした爆雷一個を投下したが、水中探信器にはその後何のエコーも現われず、敵潜水艦は撃沈されたものと確定し、その旨を潜水艦隊司令部に無電で報告した。

この無電は当然アメリカ側にも傍受されていたが、戦後になってアメリカ海軍と日本海軍との、潜水艦戦に関する作戦記録のスリ合わせの中で、「朝霧」が報告した位置での潜水艦トラウトの撃沈が確認された。この攻撃での犠牲者はトラウトの艦長以下八十一名であった。

その２　アメリカ潜水艦スキャンプ（ＳＳ277）の撃沈

一九四四年十月二十一日、アメリカ海軍潜水艦スキャンプは、マリアナ基地から東京を爆撃するＢ29重爆撃機の作戦を支援するために、ミッドウェー島の潜水艦基地を出港し、日本本土の房総半島はるか沖合に待機する予定で進んでいた。そして十一月九日には待機位置である小笠原諸島北方の海域に到着していた。スキャンプは爆撃行で損害を受けた爆撃機が洋上に不時着した場合、搭乗員を救助することが任務であった。

しかしスキャンプからの連絡は九日に所定位置に到着したという無電を最後に跡絶えた。十一月十一日、千葉県の木更津基地を出撃した日本海軍の哨戒機が、八丈島の東北沖合の海面に、艦船から漏れたと思われる燃料油らしきものが長く北に向かって浮いているのを発見した。油は大量ではないが状況から判断してアメリカ潜水艦から漏れた燃料油であろうことはほぼ確実であった。

その哨戒機は油の痕跡を観察し、最も新しく湧き出ていると判断された位置に対潜水艦攻撃用爆弾数発を投下した。そしてこの時たまたま付近の海域を小笠原諸島父島から横須賀に向かっていた、小規模な船団を護衛していた海防艦（海防艦四号）と連絡を取り、同艦を対潜水艦爆弾を投下した位置まで誘導した。

海防艦四号は現場に到着すると直ちに水中探信儀を作動させ、潜航している潜水艦の位置の特定を開始した。それから間もなく海防艦四号の右舷前方約三千メートルの位置に、敵潜水艦と思しき反応が確認されたのだ。同艦は直ちに速力を上げて目標に向かったが、目標まで約千メートルの地点まで達したとき、突然、海防艦四号に向けて二本の魚雷が迫って来るのを確認した。同艦は直ちに魚雷回避操作を行ない二本の魚雷を間際で避けることができた。

すでに海防艦四号の探信儀には確実に敵潜水艦が探知されていた。同艦は確認された敵潜水艦の潜伏地点に到達すると直ちに爆雷攻撃を始めた。

海防艦四号には爆雷投下器（投下軌条）一基、片舷用爆雷投射器（K砲）十二基が装備され、爆雷百二十発を搭載していた。

同艦は一回の攻撃で爆雷十八発を投射し、これを四回繰り返し合計七十二発の爆雷を敵潜水艦が潜伏している海中めがけて投下した。

攻撃を終え海面から爆雷の爆発痕が消えた直後、爆雷投下地点の海面に数個の巨大な気泡が浮かび上がってきた。これは潜水艦の船体が大きく破壊し、その破口から艦内の空気の全てが海面に浮き上がってきた証拠なのである。つまり敵潜水艦は確実に破壊され撃沈されたことを意味するものであった。

戦後の日米海軍双方の戦闘記録の突き合わせからも、スキャンプの撃沈は確認された。スキャンプの艦長以下八十三名全員は戦死した。

その3　アメリカ潜水艦グレーリング（SS209）の苦闘

一九四五年一月、沖縄へ向かう軍需物資を積んだ輸送船団は、三隻の護衛艦艇に護衛されていた。内訳は海防艦二十二号、駆潜艇五十八号、特設砲艦長白山丸であった。特設砲艦長白山丸は同名の貨物船に砲と機銃、爆雷を搭載した海軍が徴用した特設砲艦（二千百三十一総トン）であった。

一月十八日、九州南西沖を航行中に海防艦の水中探信儀が敵潜水艦らしきエコーを探知した。護衛艦指揮艦である海防艦二十二号は、直ちに他の護衛艦艇や輸送船にも敵潜水艦が付近に潜伏していることを伝え、警戒を厳重にするよう命令した。

同艦は探知されたエコーに向かって進み、敵潜水艦の潜伏推定位置に対し午前七時四十分から十時三十分にかけて合計九十五発の爆雷を投下した。爆雷の爆発深度は攻撃ごとに六十メートルから八十メートルの間で変更した。

このときグレーリングは日本の護衛艦艇に発見されたことを察知し、攻撃を回避するためにそれまでの深度十メートルから九十メートルまで急速に潜航していた。

海防艦二十二号の攻撃は猛烈であった。数発の爆雷が深度九十メートルに潜むグレーリングの直上（推定十～二十メートル）で爆発した。

この時の爆発の衝撃でグレーリングの船体は潜水深度限界に近い百八メートルまで押し下げられたのだ。

度重なる爆雷の爆発の衝撃でグレーリングの主機関の二つの消音器が破壊し、二重構造の船体の外板には数ヵ所にわたり大規模なへこみが生じてしまった。さらに衝撃によってポンプ室の一つの空気圧搾機の台座には亀裂が入り、ポンプの正常な運転が困難になっていた。

そのうちの一際至近の爆発の衝撃で、魚雷発射管内に装填されていた六本の魚雷のうち五本のスクリューが回転を始めてしまった。魚雷内の推進装置が作動してしまったのである。さらに操舵室ではジャイロコンパスが破壊され、内部の水銀が操舵室の床に飛び散ってしまった。

日本側の爆雷攻撃は終わった（船体の外板の破損で大量の燃料が漏れだし、日本側はこれを撃沈の証と誤認したようであった）。

グレーリングはとりあえず浮上することはできたが、船体と艦内の損傷は甚大でこれ以上の作戦行動をとることができず、とにかくグアムの潜水艦基地まで戻ることにした。消音器の損傷から航行するグレーリングの機関音は騒々しく、水中聴音器で敵に発見される可能性は大きかったが航行は続けられた。浮上航行中に船体の損傷の概要を調査したが、船体後部の潜舵は爆雷の爆発の衝撃でねじ曲がり機能せず、ディーゼル機関の空気取入口配管類は損傷が大きく、浮上航行を続けるために応急修理を行なわなければならなかった。

司令塔の外板は爆発の衝撃で凸凹になり、甲板上の十二・七センチ砲は完全に破壊されていた。また艦内では前部電池室の電池ケーシングの多くにひびが入り、電池からは硫酸が流れだし、艦内の換気のためにこれ以上の潜航航行は不可能であった。また左右の推進器の推進軸にも歪みが生じており、スクリューの回転にともない異常な軋み音が響き渡っていた。

もちろん精密なレーダーもソナーも機能せず、グレーリングは辛うじてグアムの潜水艦基地にたどり着いた。戦争終結まで同艦は作戦行動不能として放置されたままであったが、戦後の詳細な調査の結果グレーリングは修理不能とされ廃棄処分となった。

これは凄まじい爆雷攻撃から辛うじて逃げ延び、無事に生還した数少ない例であるが、爆雷の爆発効果の凄まじさを示す例である。

第二次大戦中にアメリカ海軍は量産型のガトー級潜水艦を合計百八十九隻建造したが、この中の二十八隻が撃沈または戦闘中に行方不明となっている。戦没と喪失の大半は太平洋戦域であった。このガトー級潜水艦の要目は次の通りである。

水上基準排水量千五百二十五トン、全長九十五メートル、全幅八・三メートル

主機関ディーゼル・エレクトリック二軸、出力：水上ディーゼル・五千四百馬力

最高速力：水上二十・三ノット、水中（電池）十ノット、限界潜水深度百二十メートル

武装：五十三センチ魚雷発射管六門（艦首）、四門（艦尾）、十二・七センチ砲一門

第5章　水雷兵器余話

歴史上のあるいは現用の水雷兵器は、いずれも機雷、魚雷、爆雷のいずれかに包含されてしまう。現在では核を内蔵した水雷兵器も出現しているが、核機雷、核魚雷などというものはもはや水雷兵器とは異質の兵器として論議されなければならないのではなかろうか。

過去に出現した水雷兵器には極めて異質なものも存在した。日本が戦争末期に開発した人間魚雷「回天」や、人間機雷「伏龍」なども一種の水雷兵器ではあるが、人命を軽視した極めて特殊な、末期的思想の邪道な水雷兵器としてこの書では取り上げることをあえて控えることにした。

ここでは通常の形式の兵器が、水中兵器として極めて特殊な使われ方をして多大な

トールボーイ爆弾外型図

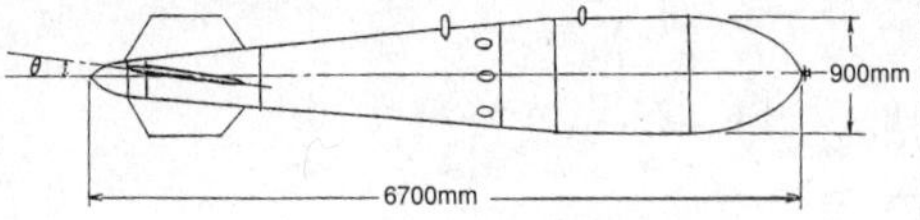

効果を上げた、という特異な一つの例を紹介することにする。本来これは水雷兵器とは考えにくいものではあるが、考え方としては結果的には明らかな水雷兵器なのである。

イギリス空軍は一九四三年中頃より当時の常識を超えた超大型爆弾の開発を開始した。目的はドイツ国内や占領地域に建設されている強靱なコンクリート構造物を破壊するための巨大爆弾である。

過去に開発された爆弾でも最大でもイギリスの二トン爆弾が存在するが、これを搭載する爆撃機の選定が難しく、また実用上でも様々な問題が生じ結局は実用的な爆弾とはいえなかったのである。

ところが一九四三年に入りイギリス空軍は二トンをはるかに上回る五トン爆弾の開発を急ぎ進めることになったのである。

理由は当時ドイツ国内や占領したオランダやベルギーの海岸地帯に俄に大規模なコンクリート構造物の建設が始まったためであった。また同時にフランスのブルターニュ半島のロリアンやブレストにあるドイツ潜水艦基地にも巨大なコンクリート構造物が

アヴロ・ランカスター爆撃機

建設され、これが潜水艦の格納庫として使われていることが判明したためであった。

前者については情報によれば最新型のロケット爆弾の研究設備や、それを実行する基地であるらしいのだ。目的はイギリスの攻撃に向けられていることは明らかであった。一方、潜水艦基地の巨大コンクリート構造物は、内部に十隻以上の潜水艦を格納できる格納庫で、普通の爆弾ではとうてい破壊は困難な施設と判明していた。連合軍としてはいずれの施設も後顧の憂いがないように早々に破壊しておかなければならないものであった。

開発が進められていた五トン爆弾の最終的な姿は特異なものであった。全長六・四メートル、直径九十センチの爆弾の実重量は五・四六トン、充填される炸薬の量は三・八トン。爆弾の外型は完全な紡錘型で、先端のほうが太く爆尾に近づくほど細くなっていた。爆尾には四枚のヒレが取り付けられ、それぞれ数度の角度が付けられていた。

この爆弾はイギリス空軍によりその形状から「トールボーイ（背高のっぽ）」と名付けられていた。完成当初この爆弾を高度五千メートル以上から投下すると、途中音速に達した時点で衝撃波のために弾道が不安定になることが判明した。そのために弾尾のヒレに数度の角度を付けることにより、爆弾は垂直落下に際して回転運動を起こし、弾道は安定し落下速度は完全に音速を超えることになった。

この音速を超える速度で落下する重量爆弾は強力な貫通力を持ち、高度六千百メートルから落下すると、地中深く二十七メートルまで潜り込むことが証明された。そしてこの時の爆発で弾着地点から半径百三十メートル付近まで地中と地表は、強力なハネ上げ効果が起き大規模に破壊されることも証明されたのである。このハネ上げ効果はこの爆弾の極めて特徴的なもので、一種の地震効果を起こすものということもできた（この約一年後に同じ形状の十トン爆弾が完成したが、この爆弾は同じ高度から投下した場合地中に四十メートルも潜り込み、爆発によって弾着地点から半径二百メートルにわたって地面に強力なハネ上げ効果が起きることが証明された。まさにこの爆弾は命名された通り「地震爆弾」であった）。

この爆弾は一九四四年六月から使用が開始され様々な目標に投下された。最も多く使われた目標はロリアンやブレストの潜水艦基地の強靭なコンクリート製の潜水艦格納庫（ブンカー）であった。これらのコンクリート施設は、幅三十メートル、長さ二百メートル、水面から天上までの高さ十五メートルという巨大格納庫で、天上の厚さは五メートルの鉄筋コンクリートになっていた。

トールボーイ爆弾の海底爆発の効果

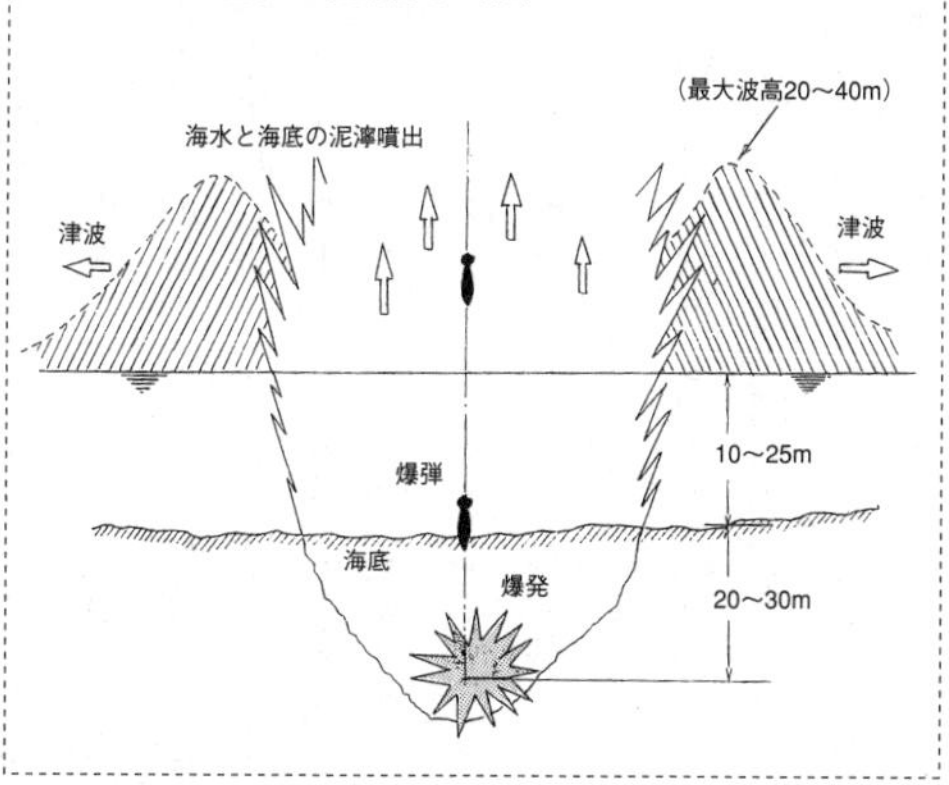

この施設の破壊のために過去にもイギリス空軍爆撃機隊は、大量の千ポンド（四百五十四キロ）爆弾を投下したが、効果は全くなかった。

イギリス空軍はこの施設の破壊をトールボーイ爆弾に期待した。そしてこの大型爆弾が搭載可能な唯一の爆撃機であるイギリス空軍のランカスター爆撃機が、一発ずつのトールボーイを搭載し、編隊で高度六千メートルから攻撃を開始した。

この爆撃効果が連合軍側の目に写ったのはこの地域を占領してからであった。爆撃結果は衝撃的であった。トールボーイ爆弾は音速で厚いコンクリート格納庫に命中すると、そのまま五メートルの天上を貫通していた。そしてブンカー内に弾着した爆弾の爆発のハネ上げ効果で、全長二百メートルの天上の数万トンのコンクリートは全て格納庫内に落下し、中に停泊していた数隻の潜水艦の全てを押しつぶしていたのである。

イギリス空軍はこの爆弾の地震効果（ハネ上げ効果）を最も有効に使う戦術を考え出した。ノルマンジー上陸作戦が展開されている中で、上陸地点から五十キロ離れたル・アーブル港内に多数のドイツ魚雷艇が集結していることが確認された。しかしこれらの魚雷艇は昼間は見事な偽装の中にあり、航空機攻撃がしにくい状況にあった。そして夜になると多数の魚雷艇は出撃し、ノルマンジー半島の上陸地点付近で連合軍側艦船に対し執拗な雷撃を繰り返し甚大な被害を与えていた。

一九四四年六月十四日の夕方、魚雷艇が出撃準備を開始したタイミングを狙い、十五機のイギリス空軍のランカスター爆撃機が各機一発ずつのトールボーイ爆弾を搭載しル・アーブル港の上空に現われた。ランカスター爆撃機は高度四千メートルからル・アーブル港の中心に向けて十五発の巨大爆弾を投下した。爆弾は港の柔らかい海底深く潜り込むと、同時に爆発した。爆撃機の編隊には写真偵察機が後続し、爆弾投下直後に港の上空千メートルからその効果を何枚も写真撮影することになっていた。

驚くべきことが起きたのだ。合計七十五トンの爆弾が海底に潜り込み爆発した瞬間、港の海面は直径四百メートルにわたり猛烈な勢いで高く盛り上がった。そして次の瞬間、海面の盛り上がり部分は突然沈下し、そこから港全域に向かって同心円状に高さ六〜七メートルと思われる「津波」が襲いかかったのである。

津波が引いた後のル・アーブル港は目を覆う惨状と化していた。写真偵察機の撮影した何枚もの写真を調べた結果、津波は海岸から最大で三百メートルも陸上に到達しており、多くの建物は損壊し、岸壁から百メートルの地点に小型の船舶が置き去りにされていた。

勿論港の海面上は目も当てられない惨状と化していた。出撃準備で岸壁や港の要所に集結していた多数の魚雷艇の姿はどこにも見られなかった。

ただ港の海面一杯に魚雷艇らしき残骸を含め、多数の小型船の残骸がバラバラに浮かんでいるだけであった。また岸壁から陸上に向かっても多数の小型船の残骸が打ち上げられていた。

十五発の地震爆弾は海底深く潜り込み爆発し、その特有のハネ上げ効果（地震効果）によって機雷も魚雷も爆雷も不可能な、一網打尽の艦艇攻撃を成功させたのであった。

これも一種の応用した水雷兵器ということができよう。

この爆撃では、爆撃時に港内に停泊していた中型、大型の船舶も全てが半没あるいは全没の被害を受けていた。

あとがき

水雷兵器としての代表である機雷、魚雷、爆雷について、それぞれ発明と発達そして機能と運用と実戦の姿を解説してきた。

水雷兵器は銃や大砲と違ってその歴史は大変に新しい。最も早く発明された機雷でもその歴史は二百三十年であり、銃や大砲の歴史の三分の一程度である。

しかし各水雷兵器のその後の発達は急速で、近代から現代にかけての歴史上に現われた多くの海戦にその主力兵器として登場してくるのである。そして驚くことにこれらの水雷兵器は次第に集約された姿で最新型の現代の水雷兵器として存在しているのである。特に注目すべきことは、現代の水雷兵器は完全にエレクトロニクス技術と一体化した中に存在していることである。

機雷も魚雷も爆雷も、いずれも過去の実戦の場においては多分に「ヤマカン」的な中での使われ方をしており、それだけに敵を撃沈する確率は極端に低く、その効果に対する期待度も薄かった。

しかし現代の水雷兵器はその撃沈効果は極めて高いものになっている。確かにひと昔前の水雷兵器に見られた「ある種の期待と喜び」は姿を消したが、それだけ恐ろしい兵器に進化してしまったのである。

いずれの水雷兵器も最終兵器構想の中では「核」の応用が考えられており、一部は実現している。しかし機雷にしろ魚雷にしろ爆雷にしろ、核の力を利用する兵器としては大変に運用しにくいものがあり、研究は進められているが正式な水雷兵器の出現には躊躇されるものがあるのは事実である。

機雷の発達の歴史の中で最も驚くべき展開は航空機からの機雷敷設が可能になったということで、第二次大戦中に急速な発達を遂げた。そしてこれと同時に機雷の爆発感応機能にも急速な発達があった。全てが強力な磁性体である鋼製の艦船の特性を応用し、磁気に反応する磁気機雷の開発は比較的早い時期に進んでいたが、艦船の航行中に発生する各種の騒音に感応して爆発する音響機雷、艦船が水面上を進む際に周囲の水面と水中に生じる、わずかの水圧の変化に感応し爆発する水圧感応機雷など、機雷は急速に発達した。そしてこれらの高性能な機雷の全ては航空機から投下し敷設することを可能にしたのである。

太平洋戦争の末期に日本の沿岸海域に無数に敷設された航空機敷設型の機雷は、日本の戦争に対する最後の息の根を止める役割を果たした。機雷恐るべしである。

機雷の敷設の反対語として掃海がある。敵味方の間では機雷の敷設と掃海は互いに表裏一体の関係にある。敵が敷設したと思われる機雷は速やかにしかも確実に排除しなければならない。しかしそれらの機雷がどこに敷設され、どのような機能を持っているかを知るにはよほどの努力が必要である。

敵味方とも機雷に関しては互いに虚々実々の戦い方を強いられるのであるが、それだけに大きな効果を期待していることになるのである。

水雷兵器の中で現在でも主力兵器として残っている代表は機雷である。機雷の発達過程を知ると、機雷がなぜ主力兵器として残っているのか確かに疑問がわいてくる。しかし現代の機雷に求められているものは、やはり水雷兵器本来の思想にかなった隠密性と破壊力と敵に与える恐怖心である。

魚雷の出現は確かに華々しい戦果を伴った。それも潜水艦の出現によって使用効果は倍増された。そして大西洋でも太平洋でも潜水艦の魚雷攻撃は戦局を大きく左右するものとなった。イギリスは第二次大戦の中頃までは、ドイツ潜水艦の魚雷攻撃による商船の損害の激増で、イギリスの国家そのものの存続の瀬戸際まで追い込まれた。

しかしそれを救ったのは爆雷の発達とそれを使う護衛艦艇の大量建造であり、新開発の爆雷を効果的に潜水艦撃退に使う戦術の開発であった。

一方の太平洋では日本はアメリカの潜水艦によるシステマチックな商船攻撃の対策に翻弄されていた。そしてこの攻撃に対応できる最新の爆雷や探索用の電波兵器の開発もないままに、一方的な潜水艦の魚雷戦法に屈してしまった。

最も進化した魚雷を開発した日本海軍が、敵の魚雷攻撃に策もなく屈したのは何とも皮肉な話である。

爆雷は水雷兵器としては最も歴史の新しい兵器である。しかしその活躍の期間は短かった。敵潜水艦の所在が明確に特定できない中での爆雷攻撃は、多くの手間隙《ひま》のかかる攻撃方法であり最新の攻撃方法とは言い難い。爆雷攻撃戦法には最新技術を導入し難い一面が存在し、これが爆雷の寿命を短くしたものと考えられるのである。

翻って日本海軍の水雷兵器を見た場合、そこには酸素魚雷の開発という世界に先がけた優れた発明はあったが、機雷や爆雷に関しては開発の初期から太平洋戦争の終結時期まで、進取の技術導入という面では際だったものが見られなかった。機雷においいては最初から最後まで旧態依然の接触起爆型の係維式機雷に固守し、磁気感応や音響感応式あるいは水圧感応式という最先端技術を駆使した開発は進んでいなかった。

魚雷においても酸素魚雷という世界最高レベルの性能の魚雷の開発はあったものの、より命中精度を高めるための開発、ホーミング魚雷の開発の姿はついに見られなかった。

爆雷においてはヘッジホッグやスキッドなどのような発想を転換した考えの新型兵器、前投射式のより積極的な潜水艦攻撃兵器の開発はその姿勢すら見られなかった。そして同時に覆うべくもない開発の遅れは、優れたエレクトロニクス技術の絶対的な遅れであった。

水雷兵器は陸上兵器とは違った興味あふれる武器であることに間違いはない。水の中に隠れて配置したり、水の中から突然に攻撃を仕掛けるなど、また見えない水の中の敵を攻撃するための兵器が出現するなど、何やら忍者的な要素すらほうふつさせる兵器である。

本書では入門書として水雷兵器の基本的な姿と歴史だけを紹介したが、多少なりともあまり一般的でない水雷兵器に興味を抱いていただくことができたのであれば、筆者として幸甚であります。

文庫本　平成二十三年六月　光人社刊

NF文庫

水雷兵器入門　新装版

二〇二三年十一月二十日　第一刷発行

著　者　大内建二
発行者　赤堀正卓

発行所　株式会社　潮書房光人新社
〒100-8077　東京都千代田区大手町一-七-二
電話／〇三-六二八一-九八九一(代)
印刷・製本　中央精版印刷株式会社
定価はカバーに表示してあります
乱丁・落丁のものはお取りかえ致します。本文は中性紙を使用

ISBN978-4-7698-3336-9　C0195
http://www.kojinsha.co.jp

NF文庫

刊行のことば

第二次世界大戦の戦火が熄《や》んで五〇年——その間、小社は夥しい数の戦争の記録を渉猟し、発掘し、常に公正なる立場を貫いて書誌とし、大方の絶讃を博して今日に及ぶが、その源は、散華された世代への熱き思い入れであり、同時に、その記録を誌して平和の礎とし、後世に伝えんとするにある。

小社の出版物は、戦記、伝記、文学、エッセイ、写真集、その他、すでに一、〇〇〇点を越え、加えて戦後五〇年になんなんとするを契機として、「光人社NF(ノンフィクション)文庫」を創刊して、読者諸賢の熱烈要望におこたえする次第である。人生のバイブルとして、心弱きときの活性の糧《かて》として、散華の世代からの感動の肉声に、あなたもぜひ、耳を傾けて下さい。